IPA-IAO

Forschung und Praxis

Band 83

Berichte aus dem
Fraunhofer-Institut für Produktionstechnik
und Automatisierung (IPA), Stuttgart,
Fraunhofer-Institut für Arbeitswirtschaft
und Organisation (IAO), Stuttgart, und
Institut für Industrielle Fertigung und
Fabrikbetrieb der Universität Stuttgart

Herausgeber: H. J. Warnecke und H.-J. Bullinger

AF860465

Ingo Schmidt

Ordnen von Werkstücken mit programmierbaren Handhabungsgeräten und Werkstückerkennungssensoren

Mit 66 Abbildungen

Springer-Verlag Berlin Heidelberg GmbH 1985

Dipl.-Ing. Ingo Schmidt

Fraunhofer-Institut für Produktionstechnik und Automatisierung (IPA), Stuttgart

Dr.-Ing. H. J. Warnecke

o. Professor an der Universität Stuttgart
Fraunhofer-Institut für Produktionstechnik und Automatisierung (IPA), Stuttgart

Dr.-Ing. habil. H.-J. Bullinger

o. Professor an der Universität Stuttgart
Fraunhofer-Institut für Arbeitswirtschaft und Organisation (IAO), Stuttgart

D 93

ISBN 978-3-540-15375-7 ISBN 978-3-662-09129-6 (eBook)
DOI 10.1007/978-3-662-09129-6

Das Werk ist urheberrechtlich geschützt. Die dadurch begründeten Rechte, insbesondere die der Übersetzung, des Nachdrucks, der Entnahme von Abbildungen, der Funksendung, der Wiedergabe auf photomechanischem oder ähnlichem Wege und der Speicherung in Datenverarbeitungsanlagen bleiben, auch bei nur auszugsweiser Verwendung, vorbehalten. Die Vergütungsansprüche des § 54, Abs. 2 UrhG werden durch die „Verwertungsgesellschaft Wort", München, wahrgenommen.

© Springer-Verlag Berlin Heidelberg 1985.
Ursprünglich erschienen bei Springer-Verlag Berlin Heidelberg New York 1985

Die Wiedergabe von Gebrauchsnamen, Handelsnamen, Warenbezeichnungen usw. in diesem Werk berechtigt auch ohne besondere Kennzeichnung nicht zu der Annahme, daß solche Namen im Sinne der Warenzeichen- und Markenschutz-Gesetzgebung als frei zu betrachten wären und daher von jedermann benutzt werden dürften.

Gesamtherstellung: Copydruck GmbH, Heimsheim
2362/3020–543210

Geleitwort der Herausgeber

Futuristische Bilder werden heute entworfen:

- o Roboter bauen Roboter,
- o Breitbandinformationssysteme transferieren riesige Datenmengen in Sekunden um die ganze Welt.

Von der "menschenleeren Fabrik" wird da gesprochen und vom "papierlosen Büro". Wörtlich genommen muß man beides als Utopie bezeichnen, aber der Entwicklungstrend geht sicher zur "automatischen Fertigung" und zum "rechnerunterstützten Büro". Forschung bedarf der Perspektive, Forschung benötigt aber auch die Rückkopplung zur Praxis - insbesondere im Bereich der Produktionstechnik und der Arbeitswissenschaft.

Für eine Industriegesellschaft hat die Produktionstechnik eine Schlüsselstellung. Mechanisierung und Automatisierung haben es uns in den letzten Jahren erlaubt, die Produktivität unserer Wirtschaft ständig zu verbessern. In der Vergangenheit stand dabei die Leistungssteigerung einzelner Maschinen und Verfahren im Vordergrund. Heute wissen wir, daß wir das Zusammenspiel der verschiedenen Unternehmensbereiche stärker beachten müssen. In der Fertigung selbst konzipieren wir flexible Fertigungssysteme, die viele verkettete Einzelmaschinen beinhalten. Dort, wo es Produkt und Produktionsprogramm zulassen, denken wir intensiv über die Verknüpfung von Konstruktion, Arbeitsvorbereitung, Fertigung und Qualitätskontrolle nach. Rechnerunterstützte Informationssysteme helfen dabei und sollen zum CIM (Computer Integrated Manufacturing) führen und CAD (Computer Aided Design) und CAM (Computer Aided Manufacturing) vereinen. Auch die Büroarbeit wird neu durchdacht und mit Hilfe vernetzter Computersysteme teilweise automatisiert und mit den anderen Unternehmensfunktionen verbunden. Information ist zu einem Produktionsfaktor geworden, und die Art und Weise, wie man damit umgeht, wird mit über den Unternehmenserfolg entscheiden.

Der Erfolg in unseren Unternehmen hängt auch in der Zukunft entscheidend von den dort arbeitenden Menschen ab. Rationalisierung und Automatisierung müssen deshalb im Zusammenhang mit Fragen der Arbeitsgestaltung betrieben werden, unter Berücksichtigung der Bedürfnisse der Mitarbeiter und unter Beachtung der erforderlichen Qualifikationen. Investitionen in Maschinen und Anlagen müssen deshalb in der Produktion wie im Büro durch Investitionen in die Qualifikation der Mitarbeiter begleitet werden. Bereits im Planungsstadium müssen Technik, Organisation und Soziales integrativ betrachtet und mit gleichrangigen Gestaltungszielen belegt werden.

Von wissenschaftlicher Seite muß dieses Bemühen durch die Entwicklung von Methoden und Vorgehensweisen zur systematischen Analyse und Verbesserung des Systems Produktionsbetrieb einschließlich der erforderlichen Dienstleistungsfunktionen unterstützt werden. Die Ingenieure sind hier gefordert, in enger Zusammenarbeit mit anderen Disziplinen, z. B. der Informatik, der Wirtschaftswissenschaften und der Arbeitswissenschaft, Lösungen zu erarbeiten, die den veränderten Randbedingungen Rechnung tragen.

Beispielhaft sei hier an den großen Bereich der Informationsverarbeitung im Betrieb erinnert, der von der Angebotserstellung über Konstruktion und Arbeitsvorbereitung, bis hin zur Fertigungssteuerung und Qualitätskontrolle reicht. Beim Materialfluß geht es um die richtige Auswahl und den Einsatz von Fördermitteln sowie Anordnung und Ausstattung von Lagern. Große Aufmerksamkeit wird in nächster Zukunft auch der weiteren Automatisierung der Handhabung von Werkstücken und Werkzeugen sowie der Montage von Produkten geschenkt werden.

Von der Forschung muß in diesem Zusammenhang ein Beitrag zum Einsatz fortschrittlicher intelligenter Computersysteme erfolgen. Planungsprozesse müssen durch Softwaresysteme unterstützt und Arbeitsbedingungen wissenschaftlich analysiert und neu gestaltet werden.

Die von den Herausgebern geleiteten Institute, das

- Institut für Industrielle Fertigung und Fabrikbetrieb der Universität Stuttgart (IFF),

- Fraunhofer-Institut für Produktionstechnik und Automatisierung (IPA),

- Fraunhofer-Institut für Arbeitswirtschaft und Organisation (IAO)

arbeiten in grundlegender und angewandter Forschung intensiv an den oben aufgezeigten Entwicklungen mit. Die Ausstattung der Labors und die Qualifikation der Mitarbeiter haben bereits in der Vergangenheit zu Forschungsergebnissen geführt, die für die Praxis von großem Wert waren. Zur Umsetzung gewonnener Erkenntnisse wird die Schriftenreihe "IPA-IAO - Forschung und Praxis" herausgegeben. Der vorliegende Band setzt diese Reihe fort. Eine Übersicht über bisher erschienene Titel wird am Schluß dieses Buches gegeben.

Dem Verfasser sei für die geleistete Arbeit gedankt, dem Springer-Verlag für die Aufnahme dieser Schriftenreihe in seine Angebotspalette und der Druckerei für saubere und zügige Ausführung. Möge das Buch von der Fachwelt gut aufgenommen werden.

H. J. Warnecke · H.-J. Bullinger

Vorwort

Die vorliegende Arbeit entstand während meiner Tätigkeit als wissenschaftlicher Mitarbeiter am Fraunhofer-Institut für Produktionstechnik und Automatisierung (IPA), Stuttgart.

Mein besonderer Dank gilt dem Leiter des Institutes, Herrn Prof. Dr.-Ing. H.J. Warnecke, für seine großzügige Unterstützung und Förderung, die entscheidend zur erfolgreichen Durchführung dieser Arbeit beigetragen hat.

Herrn Prof. Dipl.Ing. A. Jung danke ich für die Übernahme des Koreferats und für die wertvollen Hinweise, die sich daraus ergaben.

Aus dem großen Kreis meiner ehemaligen Kollegen, die mich durch ihre Mitarbeit und konstruktive Kritik unterstützt haben, möchte ich die Herren Dipl.Ing. B.Graf, Dipl.Kyb. H.Lindner, Dipl.Ing. R.Knappmann und Dr.-Ing. M. Schweizer besonders erwähnen. Ihnen und allen anderen ungenannten ehemaligen Kollegen ebenso wie den Studenten, die an dieser Arbeit mitgewirkt haben, gilt mein herzlicher Dank.

Bensheim, 1984 Ingo Schmidt

INHALTSVERZEICHNIS

Seite

Seite

Seite

0.2 Abkürzungen und Formelzeichen

A		Hauptdrehachse des Handhabungsgerätes
A_0	mm	Entfernung der Schwerpunkte des zu greifenden Werkstückes und des Nachbarwerkstückes
B		Hauptdrehachse des Handhabungsgerätes
C		Hauptdrehachse des Handhabungsgerätes
D		Drehachse des Handhabungsgerätes
E		Drehachse des Handhabungsgerätes
E1,..,E4		Eckpunkte des benachbarten Werkstückes
f		Freiheitsgrad
FS		Fernsehsensor
G		Greifer
OG		Orientierungsgrad
l1,..,l4	mm	Längenbezeichnung
OZ		Ordnungszustand
P1,..,P4		Schnittpunkte des Greiferfreiraums mit dem Werkstück
PG		Positionierungsgrad
PHG		Programmierbares Handhabungsgerät
PLA		Programmierbarer Lader
Pamax	N/cm2	Abformflächenpressung
Pkw	N/cm2	Kriechflächenpressung
R		Schwenkbare Linearachse des Handhabungsgerätes
r	mm	Kreisradius
r	mm	Radius des Greiferfreiraumes
S1,..,S4		Eckpunkte des benachbarten Werkstückes
T	mm	Tastabstand der Lichtschranke
THDAAN	s	Zeit für Daten annehmen
THDAV	s	Zeit für Daten verarbeiten
THFU	s	Zeit für Fügevorgang
THGEFU	s	Zeit für Ablegevorgang
THGEGR	s	Zeit für Holvorgang
THGO	s	Zeit für Greifer öffnen
THGS	s	Zeit für Greifer schließen
THLAV	s	Zeit für Lage verändern
THW	s	Wartezeit des Handhabungssystems
THWEFU	s	Zeit für Wegfahren vom Fügen
THWEGR	s	Zeit für Wegfahren vom Greifen
THZUGR	s	Zeit für Hinfahren zum Greifen

TSDAAG	s	Zeit für Datenausgabe an das Handhabungssystem
TSDAV	s	Zeit für Daten annehmen
TSM	s	Zeit für Messen
TSW	s	Wartezeit des Sensorsystems
TTT	s	Zeit für Transport des Werkstückes
TTW	s	Wartezeit des Transportsystems
TZW	s	Wartezeit des Separiersystems
TZY	s	Zeit für Systemzyklus
TZZ	s	Zeit für Separieren
U	V	Spannung
W		Werkstück
W1,..,Wn		Werkstücke
WES		Werkstückerkennungssensor
WK		Kreisförmige Werkstücksilhouette
WR		Rechteckiges Werkstücksilhouette
X,Y,Z		Koordinatensystem / Hauptlinearachsen des PHG
X1,Y1,Z1		Werkstückfestes Koordinatensystem in Istorientierung und -position
X2,Y2,Z2		Werkstückfestes Koordinatensystem in Sollorientierung und -position
X',Y',Z'		Koordinatensystem parallel zum raumfesten Koordinatensystem
Xw,Yw,Zw		Koordinatensystem (Werkstückfest)
xk,yk		Schwerpunktkoordinaten (kreisförmige Werkstücksilhouette)
xr,yr		" (benachbarte Werkstücksilhouette)
xw,yw		" (zu greifende Werkstücksilhouette)
α	Grd	Drehwinkel zwischen X1,X2 Koordinatenachse
β	Grd	Drehwinkel zwischen Y1,Y2 Koordinatenachse
γ	Grd	Drehwinkel zwischen Z1,Z2 Koordinatenachse
δ_1, δ_2	Grd	Drehwinkel zwischen Y1,Y2 Koordinatenachse in der X,Y Ebene
φ_G	Grd	Greifwinkel
φ_{Go}	Grd	oberer Greifraumfreiwinkel
φ_{Gopt}	Grd	optimaler Greifwinkel
φ_R	Grd	Drehwinkel des benachbarten Werkstückes
φ_{Gu}	Grd	unterer Greifraumfreiwinkel
φ_W	Grd	Drehwinkel des zu greifenden Werkstückes
φ_1	Grd	minimaler Greifwinkel
φ_2	Grd	maximaler Greifwinkel

1 Zielsetzung und Vorgehensweise

Es ist charakteristisch für die industrielle Produktion, daß die meisten Fertigungsvorgänge (z.B. bei der spanenden Fertigung mit Werkzeugmaschinen) nur an geordneten Werkstücken, deren räumliche Lage bekannt ist, vorgenommen werden können.
HERRMANN /1/ ermittelte in seiner Untersuchung von 915 Arbeitsplätzen in der Teilefertigung, daß an 88% dieser Arbeitsplätze Werkstücke ungeordnet vorliegen und somit vor dem Fertigungsvorgang geordnet werden müssen.
In der Großserienfertigung ist es häufig wirtschaftlich, die bei einzelnen Fertigungsvorgängen zwangsläufig erreichte Ordnung der Werkstücke zwischen den einzelnen Fertigungsvorgängen zu erhalten. Dazu werden Speicher (z.B. Magazine oder Einzelaufnahmen an Fördermitteln) verwendet. In der Großserienfertigung können auch automatische Ordnungseinrichtungen (z.B. Vibrationswendelförderer) wirtschaftlich eingesetzt werden, die die Werkstücke vor den Fertigungs- oder Montagevorgängen ordnen /2/.
In der Klein- und Mittelserienfertigung hingegen ist die Beibehaltung der Ordnung der Werkstücke nach dem gegenwärtigen Stand der Technik häufig unwirtschaftlich, ebenso wie das Ordnen mit herkömmlichen automatischen Ordnungseinrichtungen, deren Flexibilität zu gering ist /3/. Im allgemeinen werden die Werkstücke in der Klein- und Mittelserienfertigung daher vor jedem Fertigungsvorgang manuell geordnet.
Wegen der kürzer werdenden Produktlebenszyklen und der raschen Änderungen der Käuferwünsche gibt es einen eindeutigen Trend zu kleineren Seriengrößen in der Produktionstechnik /4/. Daher gewinnt der Stellenwert des Problems "Ordnen von Werkstücken" in der Fertigungstechnik an Bedeutung.
In Anbetracht ständig steigender Material- und Personalkosten ist es nötig, alle in der Fertigung vorhandenen Rationalisierungspotentiale auszuschöpfen. Dazu gehört insbesondere der Bereich der Handhabung in der Klein- und Mittelserienfertigung, der aus den vorstehenden Gründen bisher oft nicht wirtschaftlich automatisiert werden konnte.

Zum flexiblen Ordnen in der Klein- und Mittelserienfertigung wird daher schon seit Jahren der Einsatz von programmierbaren Handhabungsgeräten (PHG) mit Werkstückerkennungssensoren (WES), insbeson-

dere mit optischen Werkstückerkennungssensoren, angestrebt. Dabei sind die menschlichen Fähigkeiten der Sensorik und der Motorik (Auge- Handkoordination) gelegentlich Vorbild.
Trotz der vielfältigen Anstrengungen auf diesem Gebiet ist es bisher nicht gelungen die menschlichen Fähigkeiten zum Ordnen, den "Griff in die Kiste", so automatisch nachzubilden, daß Systeme dieser Art in der Industrie eingesetzt werden können.

Die vorliegende Arbeit hat zum Ziel, die Ursachen für die mangelnde Leistungsfähigkeit der heutigen Ordungssysteme mit PHG und WES zu ermitteln und die Systeme so zu verbessern, daß sie dem Einsatz in der industriellen Produktion näher gebracht werden.

Um das Ziel der Arbeit zu erreichen, wurde die in Bild 1 dargestellte Vorgehensweise gewählt.

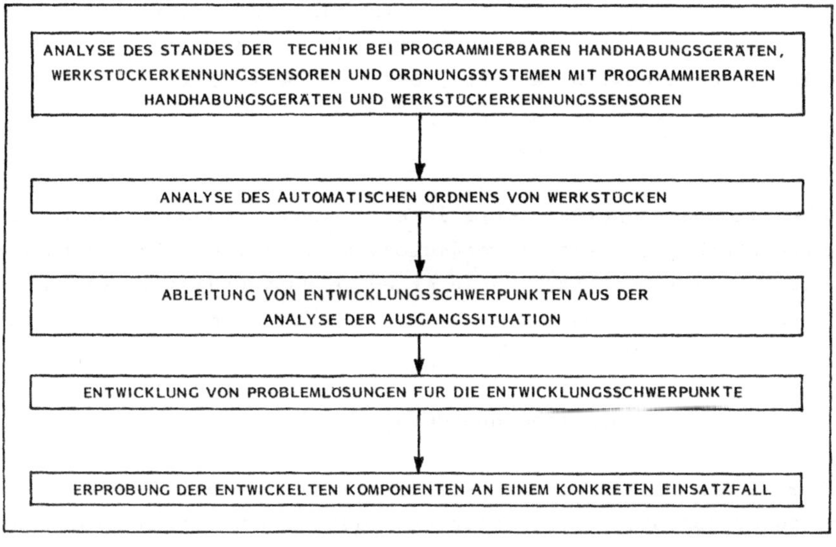

Bild 1: Vorgehensweise zur Entwicklung von Ordnungssystemen mit programmierbaren Handhabungsgeräten und Werkstückerkennungssensoren

2 Analyse der Ausgangssituation

2.1 Definitionen

Die nachfolgenden Begriffe bezeichnen Tätigkeiten, Funktionen und Bereiche des Materialflusses und der Fertigungsverfahren, die für das Verständnis der vorliegenden Arbeit wichtig sind.

Materialfluß:

Der Materialfluß ist die Verkettung aller Vorgänge beim Gewinnen, Be- und Verarbeiten, sowie bei der Verteilung von Gütern innerhalb festgelegter Bereiche. Zum Materialfluß gehören alle Formen des Durchlaufes von Arbeitsgegenständen (z.B. Material, Stoffmengen, Datenträger) durch ein System. Dazu gehören: Bearbeiten, Prüfen, Handhaben, Fördern, Aufenthalt und Lagern /5/.

System:

Unter einem System wird hier ein zwischen Eingang(Eingaben) und Ausgang(Ausgaben) abgegrenzter Bereich verstanden, z.B. Arbeitsplatz, Abteilung, Werkstätte, Betrieb, Werk /5/.

Handhaben:

Handhaben ist das Schaffen, definierte Verändern oder vorübergehende Aufrechterhalten einer vorgegebenen räumlichen Anordnung von geometrisch bestimmten Körpern in einem Bezugskoordinatensystem.
Es können weitere Bedingungen - wie z.B. Zeit, Menge und Bewegungsbahn - vorgegeben sein /6/.

Räumliche Anordnung:

Die räumliche Anordnung eines geometrisch bestimmten Körpers im Bezugskoordinatensystem ist definiert durch seine Orientierung und Position /6/.

Orientierung:

Die Orientierung eines Körpers ist die Winkelbeziehung zwischen den Achsen des körpereigenen Koordinatensystems und denen des Bezugskoordinatensystems /6/.

Position:

Die Position eines Körpers ist der Ort, den ein bestimmter körpereigener Punkt im Bezugskoordinatensystem einnimmt /6/.

Ordnen:

Ordnen ist das Bewegen von Körpern aus einer unbestimmten in eine vorgegebene Orientierung und Position bzw. Bewegungsrichtung. Ordnen dient dem Schaffen einer definierten räumlichen Anordnung von zumeist mehreren, gleichartigen Körpern. Die Funktion Ordnen läßt sich durch Angabe des Ist- und Sollordnungszustandes quantifizieren /6/.

Freiheitsgrad:

Der Freiheitsgrad f ist die Anzahl der möglichen, unabhängigen Bewegungen (Verschiebungen, Drehungen) eines starren Körpers gegenüber einem Bezugssystem /7/.

Ordnungszustand:

Der Ordnungszustand von Körpern (OZ) gibt an, in wieviel Freiheitsgraden ihre räumliche Anordnung bestimmt ist (Bild 2). Dabei gibt die erste Kennzahl die Anzahl definierter rotatorischer Freiheitsgrade an und ist identisch mit dem Orientierungsgrad (OG); die zweite Kennzahl gibt die Anzahl definierter translatorischer Freiheitsgrade an und ist identisch mit dem Positionierungsgrad (PG) /6/.

Orientierungszustand OG = Anzahl rotatorischer Freiheitsgrade, in denen die Orientierung bestimmt ist		Positionierungsgrad PG = Anzahl translatorischer Freiheitsgrade, in denen die Position bestimmt ist	
OG	Erläuterungen	PG	Erläuterungen
3	Orientierung des Körpers in allen Rotationsachsen bestimmt	3	Ursprung des körpereigenen Koordinatensystems befindet sich an einem bestimmten Punkt
2	Orientierung des Körpers in zwei Rotationsachsen bestimmt	2	Ursprung des körpereigenen Koordinatensystems beliebig auf einer Kurve (z.B. Gerade, Kreisbahn) angeordnet
1	Orientierung des Körpers in einer Rotationsachse bestimmt	1	Körper ist beliebig auf einer Fläche (z.B. Ebene, Zylinder) angeordnet
0	Orientierung des Körpers in allen Rotationsachsen unbestimmt	0	Körper ist beliebig im Raum angeordnet

Bild 2: Ordnungszustand von Werkstücken

Separieren:

Separieren ist das Bewegen eines oder mehrerer Körper (Werkstücke) aus ihrer Umgebung (z.B. Werkstückbehälter oder benachbarte Werkstücke), so daß ein bestimmter Mindestfreiraum um das separierte Werkstück entsteht, der das Greifen oder den Sensoreinsatz am Werkstück gestattet. Der Ordnungszustand der separierten Werkstücke ist beliebig.

Fügen:

Fügen ist ein Fertigungsverfahren. Fügen, oft auch Verbinden genannt, ist das Zusammenbringen von zwei oder mehr Werkstücken geometrisch bestimmter, fester Form oder von ebensolchen Werkstücken mit formlosem Stoff. Dabei wird jeweils der Zusammenhalt örtlich geschaffen und im ganzen vermehrt.
Demnach werden auch das Zusammenlegen und das Füllen zum Fügen gezählt. Auch das Fügen verschiedener Stellen eines und desselben Körpers, z.B. eines Ringes, gehört dazu /9/. In dieser Arbeit werden insbesondere die Fügevorgänge Zusammenlegen, sowie An- und Einpressen im Sinne von DIN 8593 unter dem Sammelbegriff Fügen verstanden.

Programmierbares Handhabungsgerät (PHG):

Programmierbare Handhabungsgeräte, auch vielfach Industrieroboter genannt, sind universell einsetzbare Bewegungsautomaten mit mehreren Achsen (Bild 3), deren Bewegungen hinsichtlich Bewegungsfolge und Wegen bzw. Winkeln frei (d.h. ohne mechanischen Eingriff) programmierbar und gegebenenfalls sensorgeführt sind. Sie sind mit Greifern, Werkzeugen oder anderen Fertigungsmitteln ausrüstbar und können Handhabungs- und/oder Fertigungsaufgaben ausführen/6/.

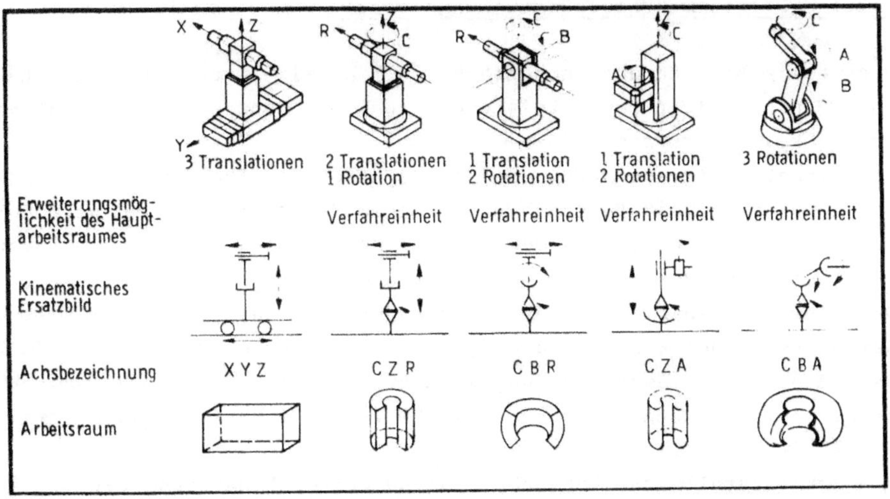

Bild 3: Kinematische Grundtypen von programmierbaren Handhabungsgeräten und kinematisches Ersatzbild /7,8/

Greifen:

Greifen ist das vorübergehende Sichern der Position und der Orientierung eines oder mehrerer Werkstücke gegenüber dem Greiferanschlußflansch eines Handhabungsgerätes. Die Sicherungsfunktion ist beim Bewegen der Werkstücke und bei prozeßbedingten Kräften und Momenten auszuüben.

Werkstückerkennungssensor (WES):

Einrichtung zum Prüfen der Werkstückidentität und zur Messung der räumlichen Anordnung von Werkstücken bezüglich eines sensorfesten Koordinatensystems.

Ordnungssystem mit PHG und WES:

Ordnungssysteme mit PHG und WES sind Systeme, die WES einsetzen, um die Position und Orientierung von Werkstücken zu ermitteln. Diese Daten werden an die Steuerung eines PHG weitergegeben, das, mit einem Greifer ausgerüstet, die Werkstücke gezielt ergreift und in eine vorgegebene Position und Orientierung bringt.

2.2 Stand der Technik

2.2.1 Programmierbare Handhabungsgeräte

Programmierbare Handhabungsgeräte sollen mit ihrer Flexibilität und dem günstigen Preis-Leistungsverhältnis neue Automatisierungsmöglichkeiten eröffnen /10/.
Die Einsatzgebiete von PHG sind heute hauptsächlich in der Werkzeughandhabung beim Punktschweißen, beim Bahnschweißen und beim Beschichten zu suchen. Bei der Werkstückhandhabung sind die meisten PHG bei der Beschickung von Fertigungseinrichtungen eingesetzt. Neue Anwendungsgebiete, insbesondere dort, wo das Ordnen von Teilen Bestandteil der Handhabungsaufgabe ist, können erschlossen werden, wenn die PHG mit Sensoren ausgestattet sind /1/. Damit PHG und WES zusammenwirken können, müssen die PHG folgende Merkmale aufweisen:

- Schnittstelle zur Datenübertragung Sensor-Handhabungsgerät,
- Möglichkeiten zur Verarbeitung der Sensordaten in der Steuerung des PHG.

Beide Eigenschaften sind derzeit erst bei wenigen Handhabungsgeräten gegeben.
Darüberhinaus ist es nötig, daß das Handhabungsgreifersystem in der Lage ist, die Werkstücke so zu greifen, wie sie vom Sensor erkannt wurden. Da die räumliche Anordnung und die Art der Werkstücke unterschiedlich ist, muß das Greifersystem entsprechend flexibel sein. Ansätze für flexible Greifer wurden z.B. von BIRK /11,12/ und TAKEYASU /13/ entwickelt. Die bisher vorgestellten flexiblen Greiferprinzipien fanden allerdings noch keinen Eingang in die industrielle Produktion.

2.2.2 Sensoren zur Werkstückerkennung

Die Sensoren zur Werkstückerkennung lassen sich nach dem physikalischen Wirkprinzip des Meßwertaufnehmers und nach den durch Sensoren erfaßbaren Merkmalen /14/ einteilen:

Bisher erfolgreich verwendete Wirkprinzipien sind:

- taktile Sensoren:
  - Flächenabtastung mit einer Matrix /15/
- optische Sensoren:
  - Szenenerfassung mit einer Fernsehkamera /16/
  - Punktabtastung der Szene mit Laserscannern /17/ oder Elektronenstrahlen
  - Linienabtastung mit Diodenzeilen /18/
- Ultraschallsensoren mit punktförmiger Abtastung /19/

Visuelle Sensoren mit einer Fernsehkamera als Meßwertaufnehmer und der Meßdatenverarbeitung durch Prozeßrechner sind bisher am weitesten verbreitet (Bild 4).

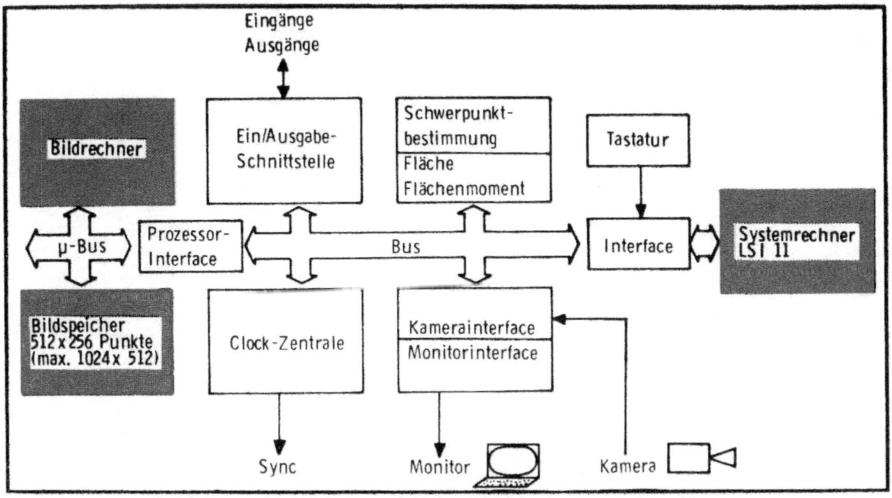

Bild 4: Struktur eines Werkstückerkennungssensors /20/

Der Informationsgehalt des Kamerabildes ist abhängig von der Zahl der Bildpunkte, die ausgewertet werden (typisch sind 256 Zeilen und 512 Spalten) und von der Auflösung der Lichtstärke pro Bildpunkt

(typisch sind 256 Schritte entsprechend 8 Bit). Die Informationsmenge pro Kamerabild beträgt also typischerweise
256 x 256 x 8 = 1 048 576 Bit.
Die Auswertealgorithmen gehen meist von einem binärisierten Fernsehbild aus, um den Informationsgehalt des analogen Fernsehsignals zu reduzieren und eine kurze Bildverarbeitungszeit zu erreichen. Bei der Binärisierung wird nur unterschieden, ob die Lichtstärke über oder unter einem bestimmten Grenzwert liegt. Die Informationsmenge pro Kamerabild wird dadurch auf 256*512*1 = 131 072 Bit reduziert.
Die Bildverarbeitungszeit für diese binärisierten Kamerabilder liegt bei den heutigen Systemen in der Größenordnung von zwischen 0,1 und 5 Sekunden, je nach Systemausführung und Komplexität der Szene. Die Genauigkeit der Positionsmessung von Werkstücken beträgt, je nach System, bis zu 1% der Bildfelddiagonale /21/.
Die bisher mit den Systemen gemachten Erfahrungen ergeben, daß nur bei sehr genau festgelegten Beleuchtungsbedingungen zuverlässige Auswertungen möglich sind /21/.
Die heute verfügbaren Sensorsysteme stehen erst am Anfang ihres industriellen Einsatzes und können nur als eingeschränkt flexibel bezeichnet werden. Dies betrifft sowohl die erfaßbaren Werkstückmerkmale mit den dazugehörigen Szenenrandbedingungen (Bild 5), als auch die Programmierbarkeit.

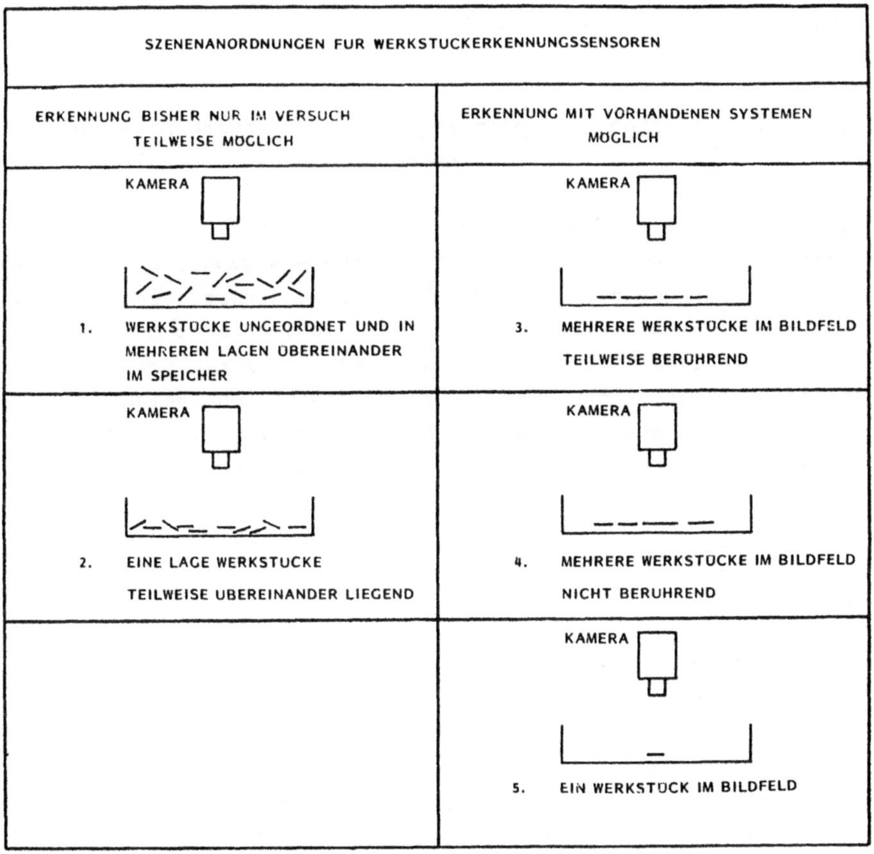

Bild 5: Szenenanordnungen für optische Werkstückerkennungssensoren

Bei der Programmierung der Sensoren zeichnet sich die Entwicklung spezieller Sensorsprachen /20,22,23/ ab, die sich bisher nur teilweise in die Programmiersysteme der Handhabungssysteme einfügen. Eine wesentliche Erweiterung der Erkennungsfähigkeiten hinsichtlich komplexerer Szenen ("Blick in die Kiste") ist erst bei der Einführung von Laserscannern, Farbfernsehsystemen oder mit Hilfe von verbesserten Auswertealgorithmen z.B. durch Objektkantenerkennung /24/ zu erwarten. Eine Abschätzung des Zeitpunktes der allgemeinen Einführung solcher verbesserter Systeme für industrielle Anwendungen ist nur mit großer Unsicherheit möglich /21/. Es ist allerdings zu erwarten, daß für einfache Werkstückformen und bei geringen Anforderungen an die Erkennungsgenauigkeit und Zuverlässigkeit

WES für den "Blick in die Kiste" in den nächsten Jahren zur Verfügung stehen werden.

2.2.3 Ordnungssysteme mit programmierbaren Handhabungsgeräten und Werkstückerkennungssensoren

Als Ordnungssystem mit PHG und WES wird ein System bezeichnet, das die gesamtheitliche Lösung einer Ordnungsaufgabe darstellt. Im folgenden wird daher nicht auf solche Systeme eingegangen, die von manuell separierten Werkstücken oder auf einem Förderband liegenden Werkstücken ausgehen. Solche Systeme sind zwar zur Darstellung der Leistungsfähigkeit von Werkstückerkennungssystemen geeignet, stellen aber kein vollständiges Ordnungssystem dar. Einen Überblick über in der Literatur veröffentlichte Ordnungssysteme mit PHG und WES gibt Bild 6.

ENTWICKLER	WERKSTUCKART	ART DER VEREINZELUNG	ART DER ORIENTIERUNG	SENSOREN	ZYKLUSZEIT (S)
BBC /20/	KUNSTSTOFFTEILE (SPEZIELL FUR DEN VERSUCHSAUFBAU HERGESTELLT	SCHLEPPKETTENFORDERER	ORIENTIERUNG IN EINER ACHSE DURCH DAS PHG (WIEDERHOLTER DURCHLAUF)	OPTISCHER WERKSTUCKERKENNUNGSSENSOR MIT FS-KAMERA	CA. 5
HITACHI /13/	FILTER EINES STAUBSAUGERS	PHG MIT 2 ARMEN UND 2 DREIBACKENGREIFERN SENSORUNTERSTUTZT	DURCH WENDEN UND UBERGABE VON EINEM ARM ZUM ANDEREN	MEHRERE OPTISCHE SENSOREN (FS-KAMERAS) UND TAKTILE SENSOREN IM GREIFER	CA. 30
IBP /18/	MAGNETISIERBARE FLACHIGE BLECHTEILE	DURCH PNEUMATISCHE VORSCHUBEINHEIT MIT MAGNETGREIFER UND NACHGESCHALTETEN FORDERBANDERN	AUSSCHEIDEN FALSCHLIEGENDER WERKSTUCKE UND RUCKFUHRUNG NACH EINEM WENDEVORGANG	SENSORZEILE MIT OPTISCHEN ODER INDUKTIVEN SENSOREN	CA. 4
IITB /29/	SCHMIEDETEILE	PHG MIT MAGNETGREIFER NICHT SENSORUNTERSTUTZT	ABLEGEN DES WERKSTUCKS UND UMGREIFEN	OPTISCHER WERKSTUCKERKENNUNGSSENSOR MIT EINER FS-KAMERA	CA. 24
UNIVERSITY RHODE ISLAND /11,12/	LEICHTMETALLGUSSTEILE	PHG MIT SAUGGREIFER	DURCH DAS PHG UND EINE WENDEEINRICHTUNG	OPTISCHER WERKSTUCKERKENNUNGSSENSOR MIT 2 KAMERAS	CA. 45 – 55
	TITANZYLINDER	PHG MIT ZWEIBACKENGREIFER SENSORUNTERSTUTZT	DURCH DAS PHG IN EINER ACHSE, ZENTRIERUNG IN EINER RINNE		?

Bild 6: Ordnungssysteme mit Werkstückerkennungssensoren

Der Stand der Technik bei Ordnungssystemen mit PHG und WES ist durch folgende Tatsachen gekennzeichnet:

Es gibt derzeit ausschließlich Versuchsaufbauten für das Ordnen mit PHG und WES

Die erreichten Taktzeiten sind relativ hoch, sowohl im Vergleich mit der manuellen Taktzeit, als auch im Vergleich mit der Taktzeit herkömmlicher Ordnungssysteme.

Die Flexibilität der Systeme ist relativ gering, alle Versuche wurden nur an einem Werkstück oder wenigen, sehr ähnlichen

Werkstücken durchgeführt.

Alle Versuchsaufbauten sind nur bedingt für einen Betrieb unter Produktionsbedingungen ausgelegt.

Die Programmierung und Bedienung der Systeme ist aufwendig, wegen der Verwendung von Mehrrechnersystemen mit unterschiedlichen Programmentwicklungssystemen (getrennt für PHG und WES) und unterschiedlichen Bedienkonzepten.

2.3 Analyse des automatischen Ordnens von Werkstücken

2.3.1 Struktur von Ordnungssystemen mit programmierbaren Handhabungsgeräten und Werkstückerkennungssensoren

2.3.1.1 Kennzeichen von Ordnungssystemen

Herkömmliche Ordnungseinrichtungen (z.B. Vibrationswendelförderer /3/), wenden zum Ordnen meist das Auswahlprinzip an, während die aktiven Ordnungssysteme mit PHG und WES nach dem Zwangsprinzip arbeiten (Bild 7).

ORDNUNGSELEMENTE			
ORDNUNGSPRINZIP		AUSWAHLPRINZIP	ZWANGSPRINZIP
FUNKTION DES ORDNUNGSELEMENTS	PASSIVES ORDNUNGS-ELEMENT	• ERKENNEN DER ORIENTIERUNG MIT GLEICHZEITIGEM VERZWEIGEN	• ERKENNEN DER ORIENTIERUNG MIT GLEICHZEITIGEM ORIENTIEREN
	AKTIVES ORDNUNGS-ELEMENT	• ERKENNEN DER ORIENTIERUNG • SIGNALUMWANDLUNG • VERZWEIGEN	• ERKENNEN DER ORIENTIERUNG/POSITION • SIGNALUMWANDLUNG • POSITIONIEREN/ ORIENTIEREN

Bild 7: Funktionale Gliederung von Ordnungselementen /3/

Der Ordnungszustand der zu ordnenden Werkstücke ist, je nach Materialflussorganisation, durch die Art des Transportspeichers (z.B. Palette, Karton, Gitterbox) für die Werkstücke gegeben oder durch die Art des Fördermittels (z.B. Transportgurt).

Der Ordnungszustand der geordneten Werkstücke ist, je nach Fertigungsaufgabe, z.B:

- in einer Montagebaugruppe
- in der Spanneinrichtung einer Werkzeugmaschine
- in einem Magazin

festgelegt.

Bei den herkömmlichen Ordnungssystemen werden die Systemgrenzen meist so definiert, daß die Position und Orientierung der Werkstücke, in die das Ordnungssystem die Werkstücke bringen soll, nicht die endgültige, durch die Fertigungsaufgabe festgelegte räumliche Sollanordnung ist, sondern eine Zwischenanordnung. Aus dieser Zwischenanordnung, in der die Werkstücke meist gespannt werden, entnimmt sie ein PHG und bringt sie in die endgültige Sollposition und -orientierung.

Beim Einsatz von WES und PHG zum Ordnen ist es sinnvoll, statt zweier Sollpositionen nur eine, die endgültige, vorzusehen, da für das Ordnen ohnehin ein PHG eingesetzt wird, das die Werkstücke, sind sie einmal gegriffen, auch in die endgültige Sollposition bringen kann. Ein zweiter Handhabungsvorgang ist also überflüssig.

Das Ordnen mit WES und PHG läuft im wesentlichen so ab wie der manuelle Ordnungsvorgang, bei dem das Auge den WES und der Arm mit der Hand das PHG darstellt.
Die menschlichen Bewegungsvorgänge können nach dem Verfahren Methods Time Measurement (MTM) /25/ in die Zeitabschnitte "Hinlangen", "Auswählgriff", "Bringen + Drehen", "Fügen" und "Loslassen" gegliedert werden.

Dabei ergeben sich die in Bild 8 gezeigten, typischen Zykluszeiten in Abhängigkeit von der Entfernung zwischen Speicherort und Fügestelle, sowie von dem Einsatz eines oder beider Arme. Diese Zykluszeiten sind wesentlich für die Beurteilung der Wirtschaftlichkeit eines automatischen Ordnungssystems gegenüber dem manuellen Ordnen.

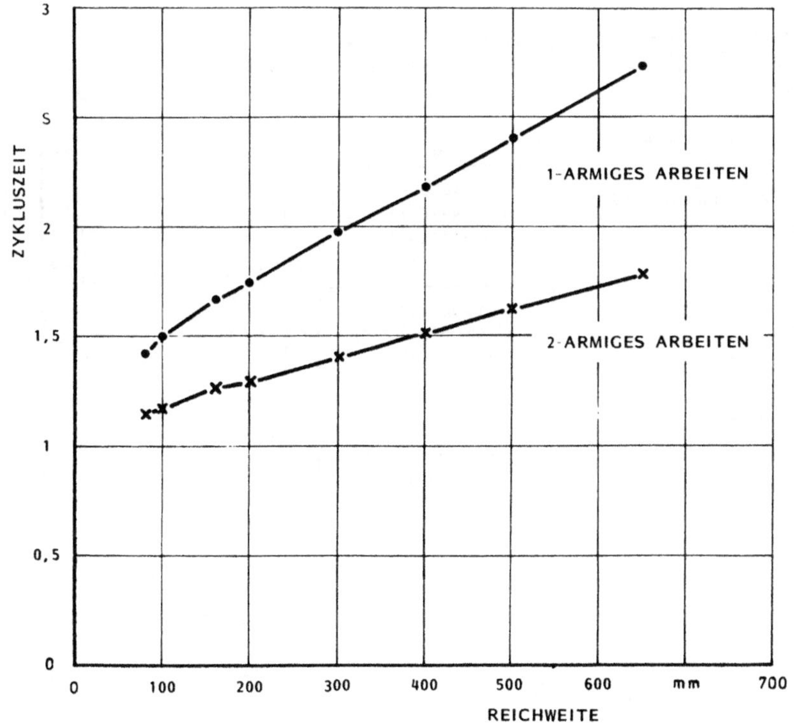

Bild 8: Zykluszeit des manuellen Ordnens ermittelt nach MTM /25/

2.3.1.2 Systemgrenzen und Komponenten von Ordnungssystemen mit programmierbaren Handhabungsgeräten und Werkstückerkennungssensoren

Die zur Erfüllung der Ordnungsaufgabe nötige Systemstruktur von Ordnungssystemen mit PHG und WES kann in einen Systemkernbereich und in einen Systemrandbereich gegliedert werden (Bild 9).

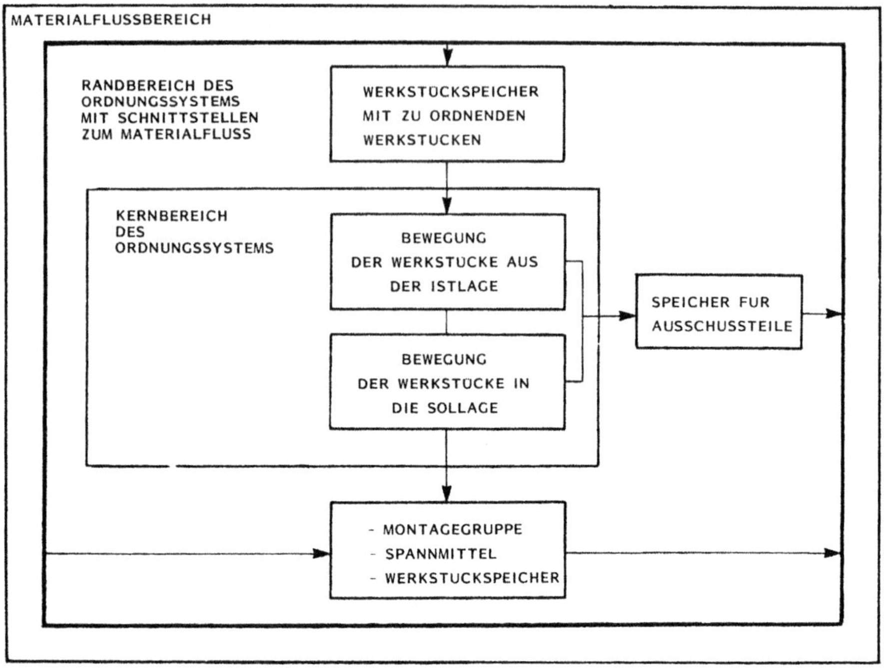

Bild 9: Einordnung des automatischen Ordnungssystems in den Materialfluß

Der Systemkernbereich ist durch die zwei Aufgabenbereiche:

- Bewegung der Werkstücke aus der Istorientierung und -position
- Bewegung der Werkstücke in die Sollorientierung und -position

gekennzeichnet.
Bedingt durch die mangelnde Leistungsfähigkeit der industriell einsetzbaren WES, die noch nicht in der Lage sind Szenen auszuwerten, bei denen Werkstücke übereinanderliegen, müssen die Werkstücke dem Erkennungsfeld des WES separiert zugeführt werden.
Zu den Systemkomponenten PHG und WES muß daher noch die Komponente Separierungssystem hinzukommen (Bild 10).

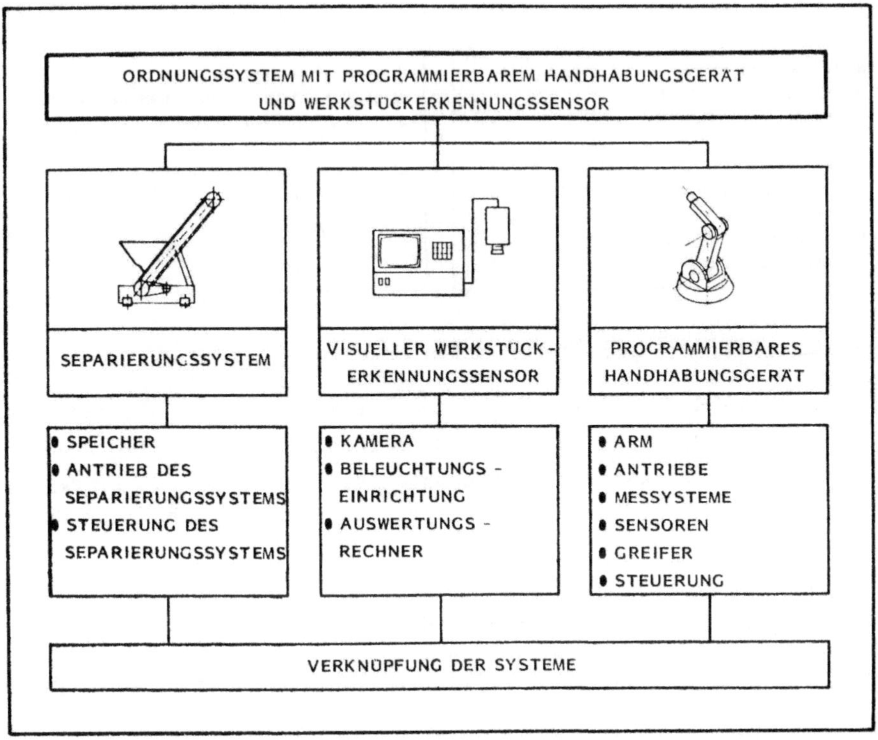

Bild 10: Systemkomponenten von Ordnungssystemen mit PHG und WES

2.3.2 Werkstückspektrum

Zur Analyse von Werkstückspektren ist es sinnvoll, die Werkstücke nach Merkmalen zu klassifizieren. Die in Bild 11 aufgeführten Werkstückmerkmale sind besonders wichtig für die Planung und den Einsatz von Ordnungssystemen mit PHG und WES.

WERKSTÜCKEIGENSCHAFTEN

- WERKSTÜCKGRÖSSE
- GREIFERANGRIFFSFLÄCHEN (GRÖSSE, OBERFLÄCHE)
- FORM DER PROJEKTIONSFLÄCHE BEI DEN VERSCHIEDENEN VORZUGSORIENTIERUNGEN
- ZULÄSSIGE OBERFLÄCHENBEANSPRUCHUNGEN
- FARBE
- REFLEXIONSVERHALTEN
- WERKSTÜCKMASSE

WERKSTÜCKVERHALTEN

- WERKSTÜCKFORMTYP
- ZAHL DER VORZUGSORIENTIERUNGEN
- STANDSICHERHEIT IN DEN VORZUGSORIENTIERUNGEN
- VERHAKNEIGUNG DER WERKSTÜCKE (WIRRTEILE)

Bild 11: Merkmale von Werkstücken /3/

Bezüglich des Werkstückformtyps kann festgestellt werden, daß etwa 66% aller industriellen Werkstücke rotationssymmetrisch sind und nur 10% dieser Werkstücke Abweichungen von der reinen Zylinderform haben /26/. Der Anteil von Wirrteilen beträgt nach einer Untersuchung von HUETTER /27/ 19%.

2.3.3 Stückzahlbereiche beim automatischen Ordnen

Die zu ordnenden Stückzahlen sind hinsichtlich folgender Aspekte wichtig:

O Umrüsthäufigkeit
O erforderliche Taktzeit
O Zahl von Werkstücktypen an einem Arbeitsplatz

Umrüsthäufigkeit:

HERRMANN/1/ ermittelte bei seiner Untersuchung, daß bei 50% aller Arbeitsplätze in Abständen von 10 Stunden umgerüstet werden muß, bei 10% der Arbeitsplätze sogar stündlich. Aus einer Untersuchung der Arbeitsgemeinschaft Handhabungssysteme /28/ ergibt sich, daß bei 50% aller untersuchten Montagearbeitsplätze in Abständen von 33 Stunden (ca. 4 Schichten) oder in kürzeren Zeitabständen umgerüstet werden muß.

Bei 10% aller Montagearbeitsplätze muß sogar in Abständen von weniger als 2,5 Stunden umgerüstet werden.

Taktzeit:

Die Ergebnisse der beiden erwähnten Studien hinsichtlich der erforderlichen Taktzeit zeigen, daß bei 50% aller Handhabungsaufgaben eine Taktzeit von weniger als 2 Minuten erforderlich ist. Bei Montagearbeitsplätzen beträgt diese Zeit 12 Sekunden. In diesen Taktzeiten ist die Handhabung von mehreren Werkstücken eingeschlossen.

Zahl der zu handhabenden unterschiedlichen Werkstücktypen:

Die Zahl der zu handhabenden Werkstücktypen beträgt in den oben aufgeführten Untersuchungen bei 50% aller Handhabungsaufgaben 60 oder mehr (in einem Jahr an einem Arbeitsplatz). Bei 10% aller Handhabungsaufgaben müssen mehr als 400 unterschiedliche Werkstücktypen (in einem Jahr an einem Arbeitsplatz) gehandhabt werden. Bei 50% aller Montagearbeitsplätze müssen drei oder mehr Werkstücke gleichzeitig gehandhabt werden. Bei 10% aller Montagearbeitsplätze beträgt die Zahl der gleichzeitig zu handhabenden Werkstücke 10 oder mehr.

3 Ableitung von Entwicklungsschwerpunkten

3.1 Allgemeine Folgerungen aus der Analyse der Ausgangssituation

Aus dem Vergleich des Standes der Technik mit den Anforderungen an Ordnungssysteme mit PHG und WES lassen sich folgende allgemeine Schlüsse ziehen:

Die Entwicklung der programmierbaren Handhabungssysteme und der Sensortechnik zur Werkstückerkennung führte bisher nicht zu den erhofften industriellen Einsätzen beim Ordnen von Werkstücken.

Bisherige Ordnungssysteme mit PHG und WES beschränken sich auf Versuchsaufbauten und sind auf ein verhältnismäßig enges Werkstückspektrum festgelegt.

Wegen der verkürzten Produktlebensdauerzyklen müssen die Ordnungseinrichtungen daher einerseits flexibler werden und andererseits ein besseres Kosten-Leistungsverhältnis aufweisen, um in der industriellen Produktion eingesetzt werden zu können.

3.2 Entwicklungsschwerpunkte

Zum Aufbau von Ordnungssystemen mit Werkstückerkennungssensoren und programmierbaren Handhabungssystemen für die Fertigung ergeben sich nach den bisherigen Ausführungen die folgenden Notwendigkeiten.

3.2.1 Entwicklung von Gesamtkonzepten

Es ist die Entwicklung einer Systematik für die Gestaltung von Ordnungssystemen mit PHG und WES nötig, die ein gesamtheitliches Optimum sicherstellt und ein wirtschaftliches Ordnen gewährleistet. Die Systematik soll insbesondere dazu dienen, die Konzeption mit der höchsten Ausbringung zu finden, bei Systemkosten, die eine ausreichende Amortisationszeit gestatten.
Aus der Analyse der Aufgabenstellung "automatisches Ordnen von Werkstücken" läßt sich das in Bild 12 gezeigte allgemeine Pflichtenheft für Ordnungssysteme mit PHG und WES ableiten. Dieses Pflichtenheft muß noch, je nach Anwendungsfall, weiter präzisiert werden. Aus dem Pflichtenheft für das gesamte Ordnungssystem müs-

sen die Pflichtenhefte für Teilsysteme abgeleitet werden.

FORDERUNGEN
• ORDNEN EINES WERKSTÜCKSPEKTRUMS IN EINEM BESTIMMTEN GRÖSSENBEREICH UND MASSENBEREICH SOWIE EINES BESTIMMTEN WERKSTÜCKFORMTYPS • TOLERANZEN VON WERKSTÜCKEN DÜRFEN NICHT ZU FEHLFUNKTIONEN FÜHREN • UMRÜSTUNG VON EINEM WERKSTÜCKTYP AUF DEN NÄCHSTEN (INNERHALB DES WERKSTÜCKSPEKTRUMS) DURCH PROGRAMMGESTEUERTE MASSNAHMEN, OHNE MANUELLEN EINGRIFF • DIE WERKSTÜCKBEANSPRUCHUNG BEIM ORDNEN DARF NICHT ZU WERKSTÜCKBESCHÄDIGUNGEN FÜHREN • FÜGEN DER GEORDNETEN TEILE IN DIE SOLLPOSITION UND ORIENTIERUNG • EINFACHE BEDIENUNG DES ORDNUNGSSYSTEMS • KEINE UNFALLGEFÄHRDUNG DURCH DAS ORDNUNGSSYSTEM • AMORTISATIONSZEIT DES ORDNUNGSSYSTEMS INNERHALB DER ZULÄSSIGEN ZEIT

WÜNSCHE
• VERSCHIEDENE WERKSTUECKFORMTYPEN SOLLTEN GEORDNET WERDEN KÖNNEN • FEHLTEILE SOLLEN NICHT ZU FEHLFUNKTIONEN FÜHREN • WIRRTEILE SOLLTEN GEORDNET WERDEN KÖNNEN • INSBESONDERE ROTATIONSSYMMETRISCHE TEILE SOLLTEN GEORDNET WERDEN KÖNNEN • KEINE EINSCHRÄNKUNGEN BEZÜGLICH DES WERKSTOFFES • EINFACHE PROGRAMMIERUNG VON NEUEN WERKSTÜCKTYPEN INNERHALB DES GEWÄHLTEN WERKSTÜCKSPEKTRUMS • DIE WERKSTÜCKBEANSPRUCHUNG DURCH DAS ORDNEN SOLLTE MÖGLICHST GERING SEIN • INTEGRATION VON WERKSTÜCK- UND QUALITÄTSPRÜFUNGEN IN DAS ORDNUNGSSYSTEM • DIE ZYKLUSZEIT DES ORDUNGSSYSTEMS SOLLTE DER MANUELLEN ZYKLUSZEIT ENTSPRECHEN ODER KÜRZER SEIN • DIE ZEIT, IN DER DAS ORDNUNGSSYSTEM OHNE MANUELLEN EINGRIFF ARBEITEN KANN, SOLLTE MÖGLICHST LANG SEIN • GERÄUSCHENTWICKLUNG GERING • DIE AN DEM ORDNUNGSSYSTEM AUSZUÜBENDEN, MANUELLEN TÄTIGKEITEN SOLLTEN HUMANISIERUNGSGERECHT GESTALTET SEIN • INVESTITIONSKOSTEN DES ORDNUNGSSYSTEMS MÖGLICHST GERING • BETRIEBSKOSTEN DES ORDNUNGSSYSTEMS MÖGLICHST GERING • PLATZBEDARF DES ORDNUNGSSYSTEMS MÖGLICHST GERING • HOHE ZUVERLÄSSIGKEIT • DIE UMRÜSTZEIT SOLLTE MÖGLICHST KURZ SEIN

Bild 12: Allgemeines Pflichtenheft für Ordnungssysteme mit programmierbaren Handhabungsgeräten und Werkstückerkennungssensoren

3.2.2 Entwicklung von Methoden zur Zugänglichkeitsbestimmung

Um auf beliebig positionierte und orientierte Werkstücke kollisionsfrei zugreifen zu können, müssen Methoden zur Zugänglichkeitsbestimmung entwickelt werden, die in den Ordnungssystemen mit PHG und WES angewandt werden können.

3.2.3 Entwicklung programmierbarer, flexibler Separiersysteme

Die heute verfügbaren Werkstückerkennungssensoren können für ein breites Werkstückspektrum und unter Lichtverhältnissen, wie sie in Fertigungshallen bestehen, nur dann eingesetzt werden, wenn die Werkstücke separiert vorliegen. Auch für kollisionsfreien Zugriff des Greifers müssen die Werkstücke separiert vorliegen. Die dafür benötigten Separiersysteme müssen eine ebensolche Flexibilität in Bezug auf die Werkstücktypen haben, wie die übrigen Systemkomponenten. Dies führt zu der Forderung nach programmierbaren Separiersystemen, die sich programmgesteuert auf unterschiedliche Werkstücktypen umrüsten lassen. Aus diesen Anforderungen und dem Plichtenheft für Ordnungssysteme mit PHG und WES leitet sich die Aufgabenstellung für Separiersysteme ab. (Bild 13).

FORDERUNGEN

- SEPARIEREN VON WERKSTÜCKEN EINES WERKSTÜCKSPEKTRUMS (BESTIMMTER GRÖSSENBEREICH UND MASSENBEREICH, SOWIE BESTIMMTER WERKSTÜCKFORMTYP) AUS DEM HAUFWERK (SPEICHER) ENTSPRECHEND DEN ZUGÄNGLICHKEITS-ANFORDERUNGEN DES GREIFSYSTEMS UND DES ERKENNUNGSSYSTEMS
- TOLERANZEN VON WERKSTÜCKEN DÜRFEN NICHT ZU FEHLFUNKTIONEN FÜHREN
- UMRÜSTUNG VON EINEM WERKSTÜCKTYP AUF DEN NÄCHSTEN (INNERHALB DES WERKSTÜCKSPEKTRUMS) DURCH PROGRAMMGESTEUERTE MASSNAHMEN, OHNE MANUELLEN EINGRIFF
- DIE WERKSTÜCKBEANSPRUCHUNG BEIM SEPARIEREN DARF NICHT ZU WERKSTÜCKBESCHÄDIGUNGEN FÜHREN
- SPEICHERUNG VON WERKSTÜCKEN
- FÖRDERN DER SEPARIERTEN WERKSTÜCKE ZU DEM ERKENNUNGSFELD DES WERKSTÜCKERKENNUNGSSENSORS
- EINFACHE BEDIENUNG DES SEPARIERUNGSSYSTEMS
- KEINE UNFALLGEFÄHRDUNG DURCH DAS SEPARIERUNGSSYSTEM

WÜNSCHE

- SEPARIERUNG BELIEBIGER WERKSTÜCKFORMTYPEN
- INSBESONDERE ROTATIONSSYMMETRISCHE TEILE SOLLTEN SEPARIERT WERDEN KÖNNEN
- KEINE EINSCHRÄNKUNGEN BEZÜGLICH DES WERKSTOFFES
- EINFACHE PROGRAMMIERUNG VON NEUEN WERKSTÜCKTYPEN
- DIE WERKSTÜCKBEANSPRUCHUNG DURCH DAS SEPARIEREN SOLLTE MÖGLICHST GERING SEIN
- KURZE SEPARIERUNGSZEIT
- DIE ZEIT, IN DER DAS SEPARIERUNGSSYSTEM OHNE MANUELLEN EINGRIFF ARBEITEN KANN, SOLLTE MÖGLICHST LANG SEIN
- GERÄUSCHENTWICKLUNG GERING
- DIE AN DEM SEPARIERUNGSSYSTEM AUSZUÜBENDEN, MANUELLEN TÄTIGKEITEN SOLLTEN HUMANISIERUNGSGERECHT GESTALTET SEIN
- INVESTITIONSKOSTEN DES SEPARIERUNGSSYSTEMS MÖGLICHST GERING
- BETRIEBSKOSTEN DES SEPARIERUNGSSYSTEMS MÖGLICHST GERING
- PLATZBEDARF DES SEPARIERUNGSSYSTEMS MÖGLICHST GERING
- HOHE ZUVERLÄSSIGKEIT
- DIE UMRÜSTZEIT SOLLTE MÖGLICHST KURZ SEIN

Bild 13: Pflichtenheft für die Gestaltung von Separiersystemen

3.2.4 Entwicklung flexibler Orientierungseinrichtungen

Um beliebig liegende, von einem Sensor erkannte Werkstücke greifen und ohne zeitraubenden und kostenintensiven Ablage- und Umgreifvorgang von der Istorientierung in die Sollorientierung überführen zu können, ist die Entwicklung flexibler Orientierungsgreifer nötig. Das Pflichtenheft für flexible Orientierungsgreifer ist in Bild 14 gezeigt.

FORDERUNGEN
• GREIFEN VON SEPARIERTEN WERKSTÜCKEN EINES WERKSTÜCKSPEKTRUMS (BESTIMMTER GRÖSSENBEREICH UND MASSENBEREICH, SOWIE BESTIMMTER WERKSTÜCKFORMTYP) IN IHREN VORZUGSORIENTIERUNGEN VON EINER EBENEN FLÄCHE ENTSPRECHEND DEN ANFORDERUNGEN DES ORIENTIERUNGS- UND DES FÜGEVORGANGES
• ÜBERTRAGUNG DER HANDHABUNGSKRÄFTE UND -MOMENTE ZWISCHEN PHG UND WERKSTÜCK
• ORIENTIEREN VON WERKSTÜCKEN AUS DEN VORZUGSORIENTIERUNGEN IN DIE SOLLORIENTIERUNG IM ZUSAMMENWIRKEN MIT DEN ACHSEN DES PHG
• TOLERANZEN VON WERKSTÜCKEN DÜRFEN NICHT ZU FEHLFUNKTIONEN FÜHREN
• UMRÜSTUNG VON EINEM WERKSTÜCKTYP AUF DEN NÄCHSTEN (INNERHALB DES WERKSTÜCKSPEKTRUMS) DURCH PROGRAMMGESTEUERTE MASSNAHMEN, OHNE MANUELLEN EINGRIFF
• DIE WERKSTÜCKBEANSPRUCHUNG BEIM GREIFEN DARF NICHT ZU WERKSTÜCKBESCHÄDIGUNGEN FÜHREN
• EINFACHE BEDIENUNG DES GREIFSSYSTEMS
• KEINE UNFALLGEFÄHRDUNG DURCH DAS GREIFSSYSTEM

WÜNSCHE
• GREIFEN BELIEBIGER WERKSTÜCKFORMTYPEN
• INSBESONDERE ROTATIONSSYMMETRISCHE TEILE SOLLTEN GEGRIFFEN WERDEN KÖNNEN
• KEINE EINSCHRÄNKUNGEN BEZÜGLICH DES WERKSTOFFES
• KURZE GREIFZEIT
• KURZE ÖFFNUNGSZEIT
• GERINGER PROGRAMMIERAUFWAND FÜR DIE GREIFBEWEGUNG
• GERINGES GREIFERVOLUMEN
• GERINGES GREIFERBACKENVOLUMEN
• GERINGER FREIRAUMBEDARF FÜR DIE GREIFERBACKENBEWEGUNGEN
• GREIFEN BELIEBIG ORIENTIERTER WERKSTÜCKE
• GERINGER FREIRAUMBEDARF FÜR DIE ORIENTIERUNGSBEWEGUNG
• GERINGE ORIENTIERUNGSZEIT
• GERINGER PROGRAMMIERAUFWAND FÜR DIE ORIENTIERUNGSBEWEGUNG
• DIE WERKSTÜCKBEANSPRUCHUNG DURCH DAS GREIFEN SOLLTE MÖGLICHST GERING SEIN
• GERINGE GREIFERMASSE
• GERINGER HERSTELLAUFWAND
• GERÄUSCHENTWICKLUNG GERING
• HOHE ZUVERLÄSSIGKEIT
• DIE UMRÜSTZEIT SOLLTE MÖGLICHST KURZ SEIN
• INVESTITIONSKOSTEN DES GREIFSSYSTEMS MÖGLICHST GERING
• BETRIEBSKOSTEN DES GREIFSSYSTEMS MÖGLICHST GERING

Bild 14: Pflichtenheft für Greifer zum Orientieren und Ordnen

4 Gesamtkonzepte für Ordnungssysteme mit PHG und WES

4.1 Systemalternativen

Aus den Komponenten PHG, WES mit einer oder mehreren Kameras und einem Separiersystem lassen sich charakteristische Systemalternativen entwickeln. Es ist zu erwarten, daß in Zukunft, zumindest für einfache Sensoraufgaben (stark ausgeprägte Werkstückmerkmale, bestimmte Werkstückfarbe, verringerte Erkennungsgenauigkeit), WES zur Verfügung stehen werden, die in einem Speicher ("Kiste") übereinanderliegende Werkstücke erkennen können. Daher wird die Systemalternative "Griff in die Kiste" bei dem Vergleich von Systemalternativen berücksichtigt (Bild 15 , Systemlayout 1 bis 3).

Die ersten drei Systemlayouts ("Griff in die Kiste") sind bisher nur als Versuchsaufbauten realisiert.
Sie unterscheiden sich hinsichtlich der Zahl der eingesetzten Kameras, wobei die Kamera im Greifer des Handhabungssystems dabei entweder zur Werkstücklageerkennung an sich (Layout 1) oder zur Verbesserung der Erkennungsgenauigkeit dient.
Wird eine zweite Kamera über dem Speicher eingesetzt (Layout 2), so dient diese zur Groberkennung der Position und der Orientierung der Werkstücke im Speicher /12/. Die genaue Erkennung von Position und Orientierung wird von der Kamera im Greifer vor dem Greifvorgang durchgeführt.
Die meisten der bisher vorgestellten Versuchsaufbauten verwenden nur eine Kamera, die über dem Speicher angebracht ist (Layout 3) und die Position und die Orientierung der Werkstücke vor dem Greifvorgang bestimmt.
Industriell anwendbare Systeme können Werkstücke nur dann erkennen, wenn sie auf ein ebenes Erkennungsfeld separiert werden ("Griff aufs Erkennungsfeld", Layout 4), oder wenn sie mit einem Transportsystem von der Separierung zu dem Erkennungsfeld des WES gefördert werden ("Griff aufs Band", Layout 5) /21/.
Systeme, bei denen das Handhabungssystem zur Separierung, d.h. zum ungezielten Griff in den Speicher verwendet wird, entsprechen der Systemalternative von Layout 4 /29/.

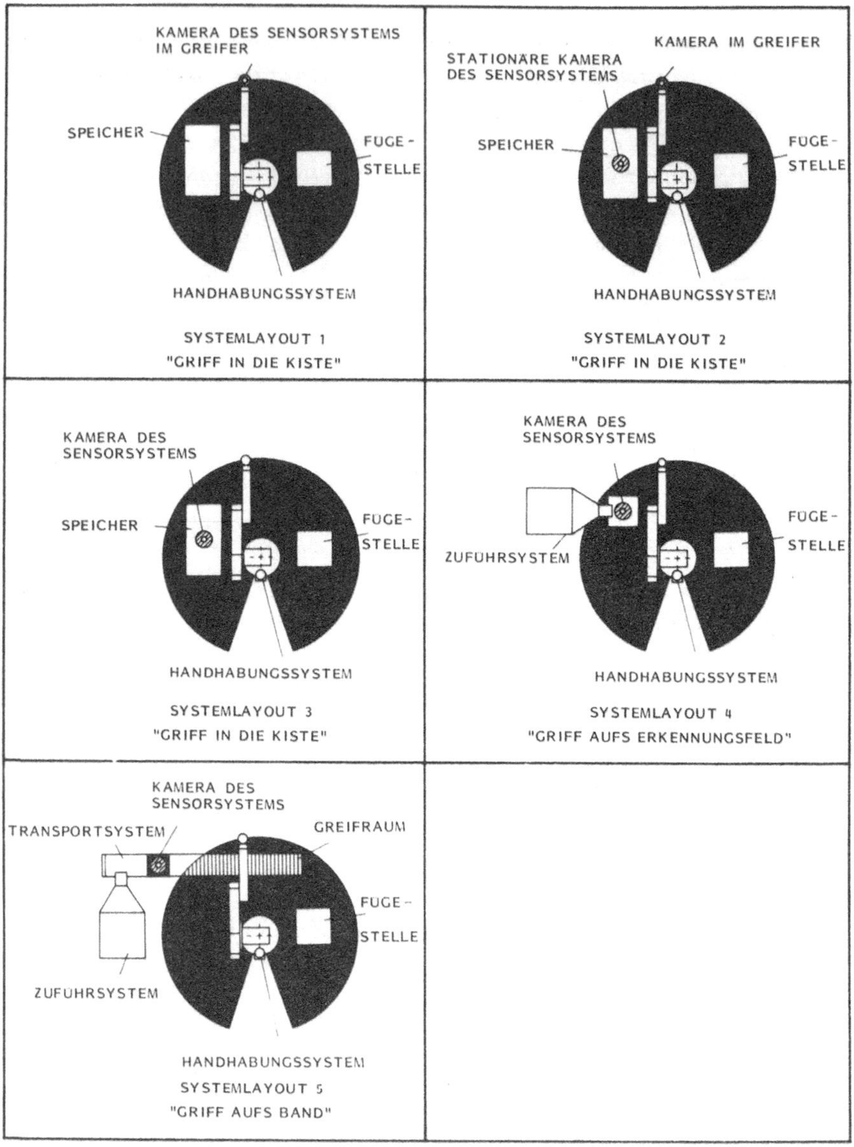

<u>Bild 15:</u> Systemalternativen für Ordnungssysteme mit PHG und WES

Systemalternativen sind unterschiedlich zu bewerten, je nachdem, ob die Steuerung des Ordnungssystems eine reine Folgesteuerung ist, bei der das Programm sequentiell abgearbeitet wird, oder ob Handhabungsprogrammablauf, Sensorprogrammablauf, der Datenaustausch Sen-

/31/ ermittelt werden.
Der Systemzyklus (Zeitdauerbezeichnung - TZY), der sich aus den Funktionsdiagrammen bestimmen läßt, ist der Ablauf von einem Greifvorgang über den Fügevorgang bis vor den nächsten Greifvorgang.
Wesentliche Begriffe sind dabei der Greif- und der Fügebereich, die wie folgt definiert sind:

> Der Greifbereich (Fügebereich) ist der Raum in unmittelbarer Nähe des zu greifenden (fügenden) Werkstücks, der beim Greifvorgang (Fügevorgang) für andere Systemteile (Separiersystem, Transportsystem oder Sensorsystem) durch das Greifen (Fügen) blockiert oder unzugänglich ist.

Bei der Ermittlung der Zykluszeit sind die in Bild 17 aufgeführten Einzelzustände zu berücksichtigen.

Der Funktionsablauf bei einer Systemalternative ("Griff aufs Band" - Steuerung durch Echtzeitbetriebssystem - Fall: Sensor wartet auf das Handhabungssystem) ist beispielhaft in Bild 18 gezeigt.

sorsystem-Handhabungssystem und andere Abläufe (z.B. Separierungssteuerung und Transportsystemsteuerung) parallel, durch ein Echtzeitbetriebssystem /30/ gesteuert, realisierbar sind (Bild 16):

Unter einem Betriebssystem werden (nach DIN 44 300) Programme verstanden, die zusammen mit den Eigenschaften der Rechenanlage die Grundlage der möglichen Betriebsarten des digitalen Rechensystems bilden und insbesondere die Abwicklung von Programmen steuern und überwachen. Ein Echtzeitbetriebssystem ist in der Lage, auf Unterbrechungssignale zu reagieren und den Programmablauf so zu organisieren, daß ein Parallelbetrieb möglichst vieler Systemkomponenten erreicht wird /30/.

SYSTEM NUMMER	SYSTEMBESCHREIBUNG	SYSTEMMERKMALE	LAYOUT
1	SYSTEM: "GRIFF IN DIE KISTE"	FERNSEHKAMERA IM GREIFER	LAYOUT 1
2		FERNSEHKAMERA IM GREIFER UND FERNSEHKAMERA STATIONÄR	LAYOUT 2
3		FERNSEHKAMERA STATIONÄR HANDHABUNGSGERÄT OHNE ECHTZEITBETRIEBSSYSTEM	LAYOUT 3
4		FERNSEHKAMERA STATIONÄR HANDHABUNGSGERÄT MIT ECHTZEITBETRIEBSSYSTEM	
5	SYSTEM: "GRIFF AUFS ERKENNUNGSFELD"	HANDHABUNGSGERÄT OHNE ECHTZEITBETRIEBSSYSTEM	LAYOUT 4
6		HANDHABUNGSGERÄT MIT ECHTZEITBETRIEBSSYSTEM	
7	SYSTEM: "GRIFF AUFS BAND"	HANDHABUNGSGERÄT OHNE ECHTZEITBETRIEBSSYSTEM - ZUFÜHRUNG DER TEILE AUF STEHENDES BAND	LAYOUT 5
8		HANDHABUNGSGERÄT MIT ECHTZEITBETRIEBSSYSTEM - ZUFÜHRUNG DER TEILE AUF STEHENDES BAND	
9		HANDHABUNGSGERÄT OHNE ECHTZEITBETRIEBSSYSTEM - ZUFÜHRUNG DER TEILE AUF LAUFENDES BAND	

Bild 16: Systemalternativen für Ordnungssysteme mit PHG und WES

4.2 Bestimmungsgleichungen für die Zykluszeit von Ordnungssystemen mit PHG und WES

Die erreichbare Zykluszeit als wesentliches Leistungsmerkmal von Ordnungssystemen kann durch die Aufstellung von Funktionsdiagrammen

TEILSYSTEM	BESCHREIBUNG DES SYSTEMZUSTANDES	ABKÜRZUNG FÜR DIE DAUER DES ZUSTANDES
PROGRAMMIERBARES HANDHABUNGSGERÄT	LAGE VERÄNDERN: BEWEGUNGSVORGANG ZWISCHEN DEM RAND DES GREIFBEREICHES UND DEM RAND DES FÜGEBEREICHES	THLAV
	HINFAHREN ZUM GREIFEN: BEWEGUNG VON EINER POSITION AM RAND DES GREIFBEREICHES ZUR GREIFSTELLE	THZUGR
	GREIFER SCHLIESSEN: DABEI KANN SICH DURCH EINSATZ VON SENSOREN DIE DAUER DES ZUSTANDES VERLÄNGERN, DER ZEITABSCHNITT IST BEIM ERREICHEN EINER AUSREICHENDEN GREIFKRAFT ERREICHT	THGS
	WEGFAHREN VOM GREIFEN: DER ZUSTAND IST BEENDET, WENN DAS GEGRIFFENE WERKSTÜCK SO WEIT AUS DEM GREIFBEREICH ENTFERNT WURDE, DASS ANDERE TEILSYSTEME, WIE Z.B. DER WERSTÜCKERKENNUNGSSENSOR, UNGEHINDERT ARBEITEN KÖNNEN	THWEGR
	FÜGEN: DIE DAUER DES FÜGEVORGANGES HÄNGT VON DER FÜGEAUFGABE UND DER TECHNISCHEN REALISIERUNG (SENSOREINSATZ) AB	THFU
	GREIFER ÖFFNEN: DER ZUSTAND IST ABGESCHLOSSEN, WENN DER GREIFER KOLLISIONSFREI AUS DEM WERKSTÜCKBEREICH BEWEGT WERDEN KANN	THGO
	WEGFAHREN VOM FÜGEN: DIES IST EINE BEWEGUNG DES PHG MIT GEÖFFNETTEM GREIFER SO WEIT VON DER FÜGESTELLE WEG, DASS ANDERE SYSTEMTEILE Z.B. EIN WERKSTÜCKTRÄGER, UNGEHINDERT TRANSPORTIERT WERDEN KÖNNEN	THWEFU
	DATEN VERARBEITEN: ZEITABSCHNITT IN DEM DIE VOM SENSOR GELIEFERTEN DATEN SO VOM HANDHABUNGSSYSTEM VERARBEITET WERDEN, BIS DIE AKTIONEN DES HANDHABUNGSSYSTEMS VOLLSTÄNDIG FESTLIEGEN. DER ABSCHNITT UMFASST Z.B. LOGISCHE UND ARITHMETISCHE OPERATIONEN	THDAV
	DATEN ANNEHMEN: DIESER ZEITABSCHNITT UMFASST DIE DAUER DER DATENÜBERTRAGUNG ZWISCHEN SENSOR UND HANDHABUNGSSYSTEM; ER ENTSPRICHT DEM ZEITABSCHNITT TSDAAG DES SENSORSYSTEMS	THDAAN
	WARTEN: WARTEN DES PHG	THW
	HOLEN: GESAMTVORGANG HOLEN EINES WERKSTÜCKES THGEGR = THLAV + THZUGR + THGS + THWEGR	THGEGR
	ABLEGEN: GESAMTVORGANG ABLEGEN EINES GEGRIFFENEN WERKSTÜCKES THGEFU = THLAV + THFU + THGO + THWEFU	THGEFU
WERKSTÜCK-ERKENNUNGSSYSTEM	DATEN ANNEHMEN: DIES IST DIE ZEIT, IN DER DAS SENSORSYSTEM DAS ZU VERARBEITENDE KAMERABILD IN DEN BILDSPEICHER EINLIEST; NACH DIESEM ZEITABSCHNITT KÖNNEN WERKSTÜCKE WIEDER AUS DEM BILDFELD DER KAMERA ENTFERNT WERDEN	TSDAV
	MESSEN: DIES IST DIE ZEIT, IN DER DAS SENSORSYSTEM DAS ABGELEGTE BILD VERARBEITET	TSM
	DATENAUSGABE: DIES IST DIE ZEIT, IN DER DAS MESSERGEBNIS AN DAS HANDHABUNGSGERÄT AUSGEGEBEN WIRD	TSDAAG
	WARTEN: WARTEN DES SENSORSYSTEMS	TSW
TRANSPORT-SYSTEM	TRANSPORT: ZEIT VOM BEGINN DES WERKSTÜCKTRANSPORTES BIS ZUM BEWEGUNGSENDE	TTT
	WARTEN: WARTEN DES TRANSPORTSYSTEMS	TTW
SEPARIER-SYSTEM	SEPARIEREN: ZEIT VOM BEGINN DES SEPARIERVORGANGES BIS ZU BEENDIGUNG DES VORGANGES	TZZ
	WARTEN: WARTEN DES SEPARIERSYSTEMS	TZW

Bild 17: Zustandsarten von Teilsystemen der Layoutvarianten

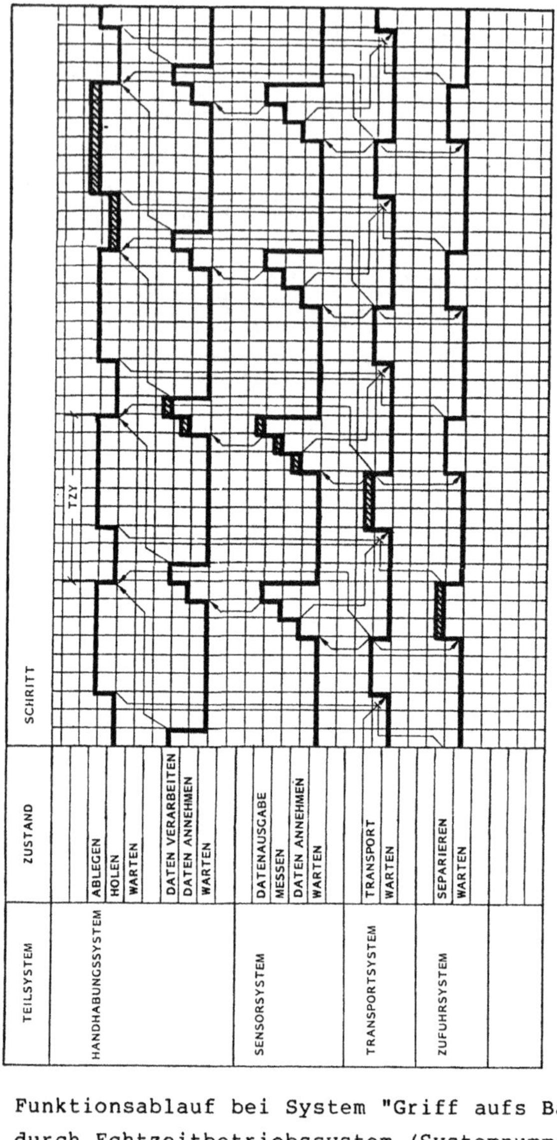

Bild 18: Funktionsablauf bei System "Griff aufs Band - Steuerung durch Echtzeitbetriebssystem (Systemnummer 8 nach Bild 16) - Fall: Sensor wartet auf das Handhabungssystem (Funktionsdiagramm nach VDI 3260)
Hervorgehoben dargestellt ist der Durchlauf eines bestimmten Werkstücks durch die verschiedenen Teilsysteme.

Wird für alle Systemalternativen eine Analyse der Funktionsabläufe vorgenommen, so ergibt sich das in Bild 19 gezeigte Ergebnis.

	KONFIGURATION	SYSTEM	FALL	BEDINGUNG	ZYKLUSZEITBESTIMMUNG
"GRIFF IN DIE KISTE"	1 FS-KAMERA IM GREIFER	1			TZY = TSM + TSDAV + THDAAN + THDAV + THGEGR + THGEFU
	1 FS-KAMERA IM GREIFER 1 FS-KAMERA STATIONÄR	2	A	THGEGR + THGEFU>= TSM + TSDAV + TSDAAG	TZY = THGEGR + THGEFU
			B	THGEGR + THGEFU<= TSM + TSDAV + TSDAAG	TZY = TSM + TSDAV + TSDAAG
	1 FS-KAMERA STATIONÄR PHG OHNE ECHTZEIT-BETRIEBSSYSTEM	3	A	TSM + TSDAV>= THGEFU	TZY = TSM + TSDAV + TSDAAG + THDAV + THGEGR
			B	TSM + TSDAV<= THGEFU	TZY = THDAAN + THDAV + THGEGR + THGEFU
	1 FS-KAMERA STATIONÄR PHG MIT ECHTZEIT-BETRIEBSSYSTEM	4	A	TSDAV<= THGEFU	TZY = THGEGR + THGEFU
			B	TSDAV>= THGEFU	TZY = THGEGR + TSDAV
"GRIFF AUFS ERKENNUNGS-FELD"	PHG OHNE ECHTZEIT-BETRIEBSSYSTEM	5	A	THGEFO<= TZZ + TSM + TSDAV	TZY = TZZ + TSM + TSDAV + THDAAN + THDAV + THGEGR
			B	THGEFO>= TZZ + TSM + TSDAV	TZY = THDAAN + THDAV + THGEGR + THGEFU
	PHG MIT ECHTZEIT-BETRIBSSYSTEM	6	A	THGEFO<= TZZ + TSM + TSDAV + TSDAAG + THDAV	TZY = THGEGR + TZZ + TSM + TSDAV + TSDAAG + THDAV
			B	THGEFO>= TZZ + TSM + TSDAV + TSDAAG + THDAV	TZY = THGEGR + THGEFU
"GRIFF AUFS BAND"	PHG OHNE ECHTZEIT-BETRIEBSSYSTEM ZUFÜHRUNG AUF STEHENDES BAND	7	A	(TTT + TSM + TSDAV>= THGEFU) und (TZZ<= TSM + TSDAV + TSDAAG + THDAV + THGEGR)	TZY =TTT + TSM + TSDAV + TSDAAG + THGEGR
			B	(TTT + TZZ>= THDAAN + THDAV + THGEGR + THGEFU) und (TZZ>= TSM + TSDAV + TSDAAG + THDAV + THGEGR)	TZY = TTT + TZZ
			C	(TTT + TSM + TSDAV<= THGEFU) und (TTT + TZZ<= THDAAN + THDAV + THGEGR + THGEFU)	TZY = THDAAN + THDAV + THGEGR + THGEFU
	PHG MIT ECHTZEIT-BETRIEBSSYSTEM ZUFÜHRUNG AUF STEHENDES BAND	8	A	(TTT + TZZ>= THGEGR + THGEFU) und (TSDAV<= TZZ) und (TSM + TSDAV + TSDAAG<= TTT + TZZ)	TZY = TTT + TZZ
			B	(THGEGR + THGEFU<= TTT + TSDAV) und (TSDAV>= TZZ) und (THGEGR + THGEFU>= TSM + TSDAV + TSDAAG)	TZY = TTT + TSDAV
			C	(THGEGR + THGEFU<= TSM + TSDAV + TSDAAG) und (TSM + TSDAV + TSDAAG>= TTT + TZZ)	TZY = TSM + TSDAV + TSDAAG
			D	(THGEGR + THGEFU>= TSDAV + TTT) und (THGEGR + THGEFU>= TZZ + TTT) und (THGEGR + THGEFU>=TSM + TSDAV + TSDAAG)	TZY = THGEGR + THGEFU
	PHG OHNE ECHTZEIT-BETRIEBSSYSTEM ZUFÜHRUNG AUF LAUFENDES BAND	9	A	(TSM + TSDAV>= THDAV + THGEGR + THGEFU) und (TSM + TSDAV>= TZZ)	TZY = TSM + TSDAV
			B	(TZZ>= THDAAN + THDAV + THGEGR + THGEFU) und (TZZ>= TSM + TSDAV)	TZY = TZZ
			C	(THDAV + THGEGR + THGEFU>= TSM + TSDAV) und (THDAAN + THDAV + THGEGR + THGEFU>=TZZ)	TZY = THDAAN + THDAV + THGEGR + THGEFU

Bild 19: Bestimmungsgleichungen für die Zykluszeit bei verschiedenen Systemalternativen in Abhängigkeit von Einzelzeitdauerkombinationen für Ordnungssysteme mit PHG und WES

4.3 Ermittlung der Zustandszeitdauer von Komponenten

Zur Bestimmung der Zykluszeit von Ordnungssystemen ist es nötig, in die Bestimmungsgleichungen zur Zykluszeitbestimmung Werte für die Zustandszeitdauern einzusetzen.
Zur Ermittlung der Zustandszeitdauern von Einzelkomponenten wurden typische Werte bei den verschiedenen Komponenten ermittelt.

4.3.1 Ermittlung der Zustandszeitdauern bei PHG

Hersteller von PHG geben, wenn überhaupt, nur einen Mittelwert für die Geschwindigkeit und die Beschleunigung an. Für die genaue Zustandszeitdauerbestimmung ist aber die Berücksichtigung des Verlaufes von Geschwindigkeit und Beschleunigung nötig, die durch Messungen ermittelt wurden. Dazu wurden typische Bewegungsabläufe festgelegt, wie sie beim Ordnen von PHG ausgeführt werden (Bild 20). Die Möglichkeit der Programmierung von Überschleifbewegungen, das heißt von Bewegungen, bei denen unwichtige Punkte des Bewegungsablaufes nur ungenau angefahren werden, ist nicht bei allen PHG gegeben. Beim Ordnen ist diese Programmiermöglichkeit anwendbar, ihr Einfluß auf die Zykluszeit wurde daher bei den Zykluszeitmessungen berücksichtigt.

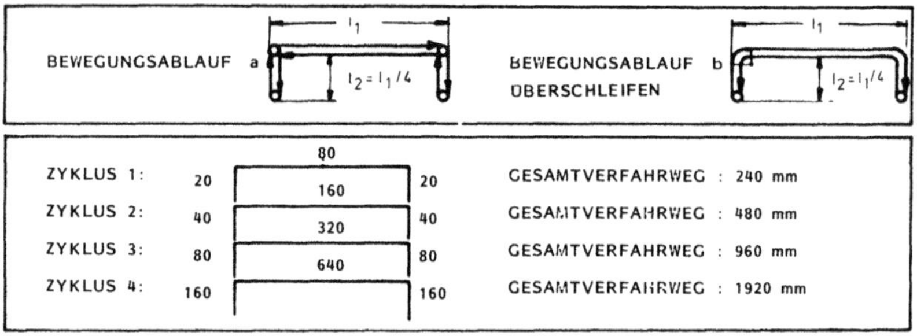

Bild 20: Bewegungszyklen zum Ermitteln der Zykluszeit für PHG beim Ordnen

Bei mehreren PHG wurden diese Abläufe programmiert und die Zeiten für die Ausführung gemessen (Bild 21).

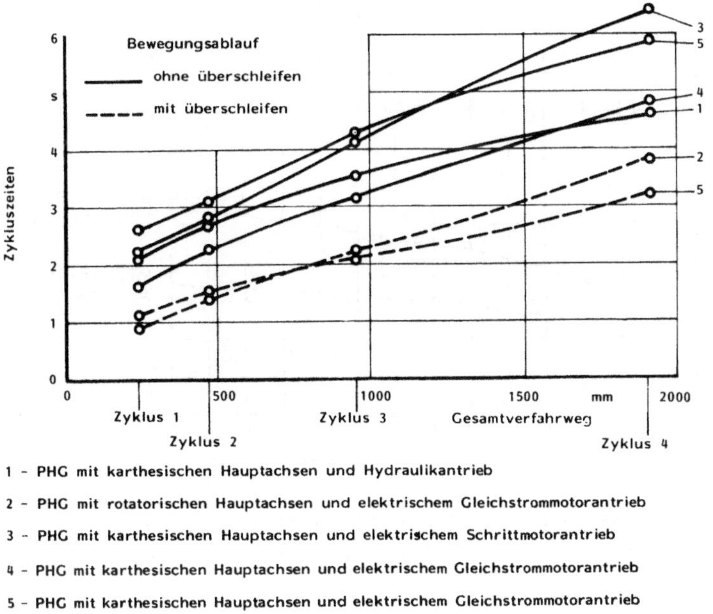

Bild 21: Zykluszeiten von fünf PHG bei verschiedenen Bewegungszyklen

Zur Bestimmung typischer Greiferschließ- und -öffnungszeiten wurden die Verfahrzeiten zweier elektrisch angetriebener Greifer gemessen (Bild 22).

4.3.2 Ermittlung der Zustandszeitdauern bei WES

Die Meßdatenverarbeitungszeit bei WES richtet sich nach der Systemausführung, nach den verwendeten Meßprogrammen und nach der Komplexität der auszuwertenden Szene /21,20/. Typische Meßdatenverarbeitungszeiten, die mit dem Werkstückerkennungssystem OMS /20/ gemessen wurden, sind in Bild 23 gezeigt. Die Verarbeitungszeiten des WES lassen sich bei einer Optimierung der Meßprogramme noch verkürzen, die Zeiten sollten daher nur als Richtwerte angesehen werden.

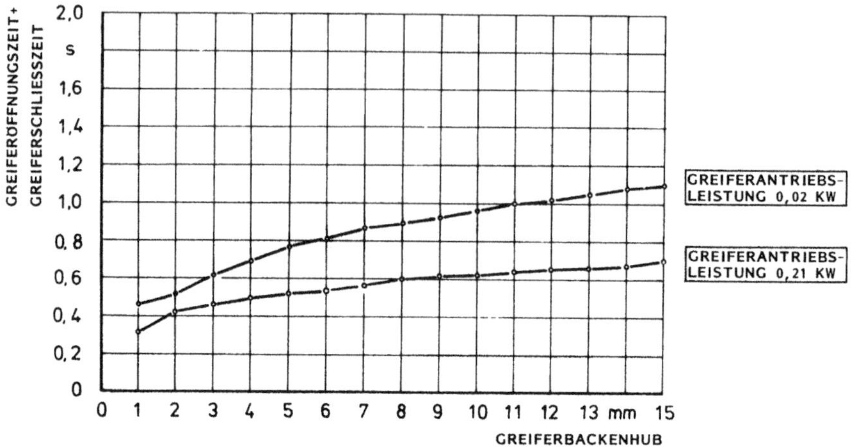

<u>Bild 22:</u> Zykluszeiten von Greiferbewegungen bei elektrisch angetriebenen positionierbaren Greiferbacken

Die Dauer der Übertragung der Meßdaten von dem WES zu dem PHG richtet sich nach der Kopplungsmethode zwischen den Systemen (Bitserielle oder Bitparallele Kopplung), nach der Ausführung der Programme zur Ansteuerung der Kopplungssysteme und nach der Informationsmenge, die übertragen wird.
Die Informationsmenge besteht aus den Angaben über das vermessene Werkstück (Art, Position, Orientierung, Zugänglichkeit, Werkstückfarbe u.s.w.) und den für die Übertragung nötigen Steuerinformationen. Die Informationsmenge beträgt zwischen 500 Bit und 5000 Bit, je nach Auflösung und Leistung des WES /21/.
Bei einer seriellen Kopplung (Übertragungsgeschwindigkeit 9600 Bit/Sekunde) wurden Übertragungszeiten zwischen 0,05 Sekunden und 0,5 Sekunden gemessen.
Für die Übertragungszeit bei einer parallelen Kopplung (16 Datenleitungen, 2 Steuerleitungen) wurden zwischen 0,001 Sekunden und 0,1 Sekunden gemessen. Die Übertragungszeit richtet sich nach der Kombination der Einzelinformationen zu der übertragenen Information, der Ausführung der Programme zur Ansteuerung der Kopplungssysteme und der Ausführung der gekoppelten Steuerungen.

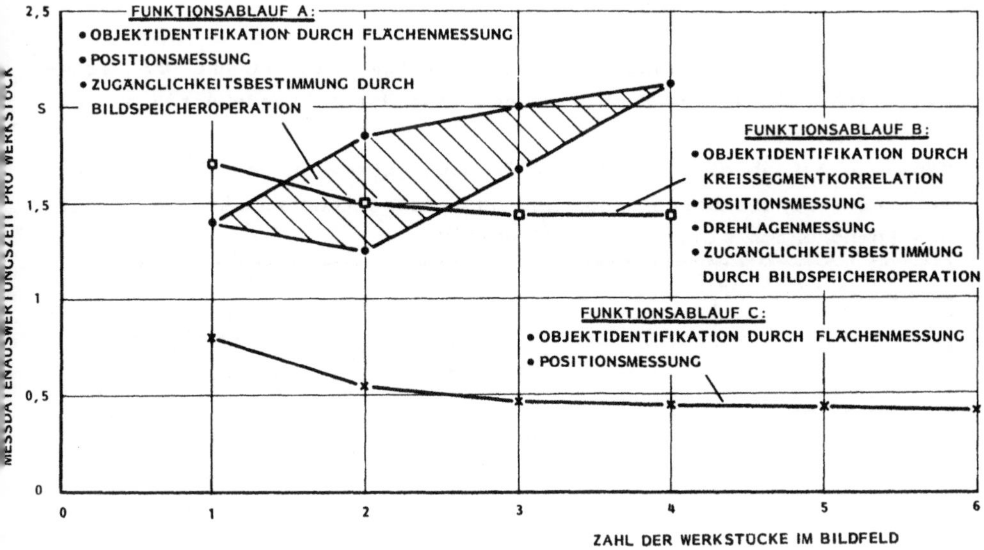

Bild 23: Dauer der Meßdatenverarbeitungszeit bei einem Werkstückerkennungssensor

4.3.3 Ermittlung der Zustandszeitdauer bei Separiersystemen

Die Dauer der Separierungszeit, vom Start des Separierungsvorganges bis zur erfolgten Separierung, hängt von der verwendeten Systemausführung und der Werkstückform ab und ist ein statistischer Wert. Die Separierungszeit beträgt bei den von HUETTER /27/ vermessenen Systemen zwischen 0,03 und 2 Sekunden pro Werkstück, wobei die Streuung der Separierungszeit bis zu 100% der mittleren Separierungszeit betragen kann.

4.3.4 Ermittlung der Zustandszeitdauer bei Transportsystemen

Die Transportzeit ist abhängig von der Belastung des Transportsystems durch Werkstücke und der Systemausführung des Transportsystems (Antriebsleistung, Reibmomente, Trägheitsmomente, Steuerungsausführung). Die Positionierzeiten von Transportsystemen liegen bei gleicher Systemausführung in der Größe der Positionierzeiten von translatorischen PHG Achsen.

4.3.5 Kombination von Zustandszeitdauern

Je nach Aufgabenstellung für Ordnungssysteme mit PHG und WES ergeben sich sinnvolle Kombinationen für die Zustandszeitdauern der Einzelkomponenten.
Typische Aufgabenstellungen für Ordnungsysteme in der Montage und in der Maschinenbeschickung und Zustandszeitdauern für die einzelnen Komponenten sind in Bild 24 gezeigt.

SYSTEM		AUFGABE			
		1	2	3	4
TEILSYSTEM	BESCHREIBUNG DES SYSTEMZUSTANDES	- EINFACHE GREIFAUFGABE - KLEINE WEGE - EINFACHE SENSORAUFGABE	- EINFACHE SENSORUNTERSTÜTZTE GREIFAUFGABE - KLEINE WEGE - KOMPLEXE SENSORAUFGABE	- EINFACHE GREIFAUFGABE - MITTLERE WEGE - EINFACHE SENSORAUFGABE	- KOMPLEXE SENSORUNTERSTÜTZTE GREIFAUFGABE - LANGE WEGE - KOMPLEXE SENSORAUFGABE
PROGRAMMIERBARES HANDHABUNGSSYSTEM	LAGE VERÄNDERN	0,50	0,50	1,20	2,20
	HINFAHREN ZUM GREIFEN	0,10	0,30	0,20	0,40
	GREIFER SCHLIESSEN	0,10	0,30	0,20	0,50
	WEGFAHREN VOM GREIFEN	0,10	0,20	0,10	0,30
	FÜGEN	0,10	0,30	0,20	0,80
	GREIFER ÖFFNEN	0,10	0,20	0,10	0,40
	WEGFAHREN VOM FÜGEN	0,10	0,20	0,10	0,40
	DATEN VERARBEITEN	0,10	0,60	0,10	0,60
	DATEN ANNEHMEN	0,10	0,30	0,10	0,30
WERKSTÜCK-ERKENNUNGSSYSTEM	DATEN ANNEHMEN	0,50	1,00	0,50	1,50
	MESSEN	0,05	0,10	0,05	0,20
TRANSPORTSYSTEM	TRANSPORT	0,80	1,00	1,00	2,00
SEPARIERSYSTEM	SEPARIEREN	0,80	1,50	1,20	3,00

Bild 24: Zustandszeitdauern (in Sekunden) bei verschiedenen Aufgabenstellungen für Ordnungssysteme mit programmierbaren Handhabungsgeräten und Werkstückerkennungssensoren

4.4 Berechnung der Zykluszeit von Ordnungssystemen mit programmierbaren Handhabungsgeräten und Werkstückerkennungssensoren

Zur Berechnung der Zykluszeit muß, entsprechend den Einzelzeiten der Teilzustände, die richtige Bestimmungsgleichung für die Zykluszeit jeder Alternative ermittelt werden.
Das Ergebnis der Berechnung der Zykluszeiten verschiedener Ordnungssysteme mit PHG und WES, entsprechend den verschiedenen Aufgabenstellungen, zeigt Bild 25. Beim Vergleich der Zykluszeiten für die verschiedenen Systemalternativen muß berücksichtigt werden, daß bei den einzelnen Aufgabenstellungen für alle Systemalternativen die gleiche Handhabungszeit zugrunde gelegt wurde. Der Handhabungsweg kann aber, bei gleicher Aufgabenstellung, bei den einzelnen Systemalternativen unterschiedlich sein.
Der kürzeste und damit schnellste Handhabungsvorgang wird im allgemeinen bei dem "Griff aufs Band" möglich sein, wo die Werkstücke bis dicht an die Fügestelle transportiert werden können. Beim "Griff aufs Erkennungsfeld" wird der Handhabungsweg länger sein, beim "Griff in die Kiste" wird in den meisten Fällen der längste Weg bis zur Fügestelle zurückgelegt. Die Länge der Handhabungswege muß daher, entsprechend dem Anwendungsfall, für die verschiedenen Systemausführungen bestimmt werden. Danach können die Handhabungszeiten, wie in 4.3.1 dargestellt, ermittelt werden.

Die berechneten Zykluszeiten lassen (bei einheitlichem Handhabungsweg der Alternativen für die gleiche Aufgabenstellung) folgende Schlüsse zu:

Vorteilhaft ist ein Echtzeitbetriebssystem bei allen Systemalternativen, weil es die erreichbare Zykluszeit verringert. Die Verringerung der Zykluszeit wird um so größer, je kleiner die Verfahrwege sind und je komplexer die Werkstückform ist (bis zu 38% Zykluszeitverringerung durch das Echtzeitbetriebssystem nach Bild 25). Diese Bedingungen sind häufig bei der Montage von kleineren und mittelgroßen Werkstücken gegeben.

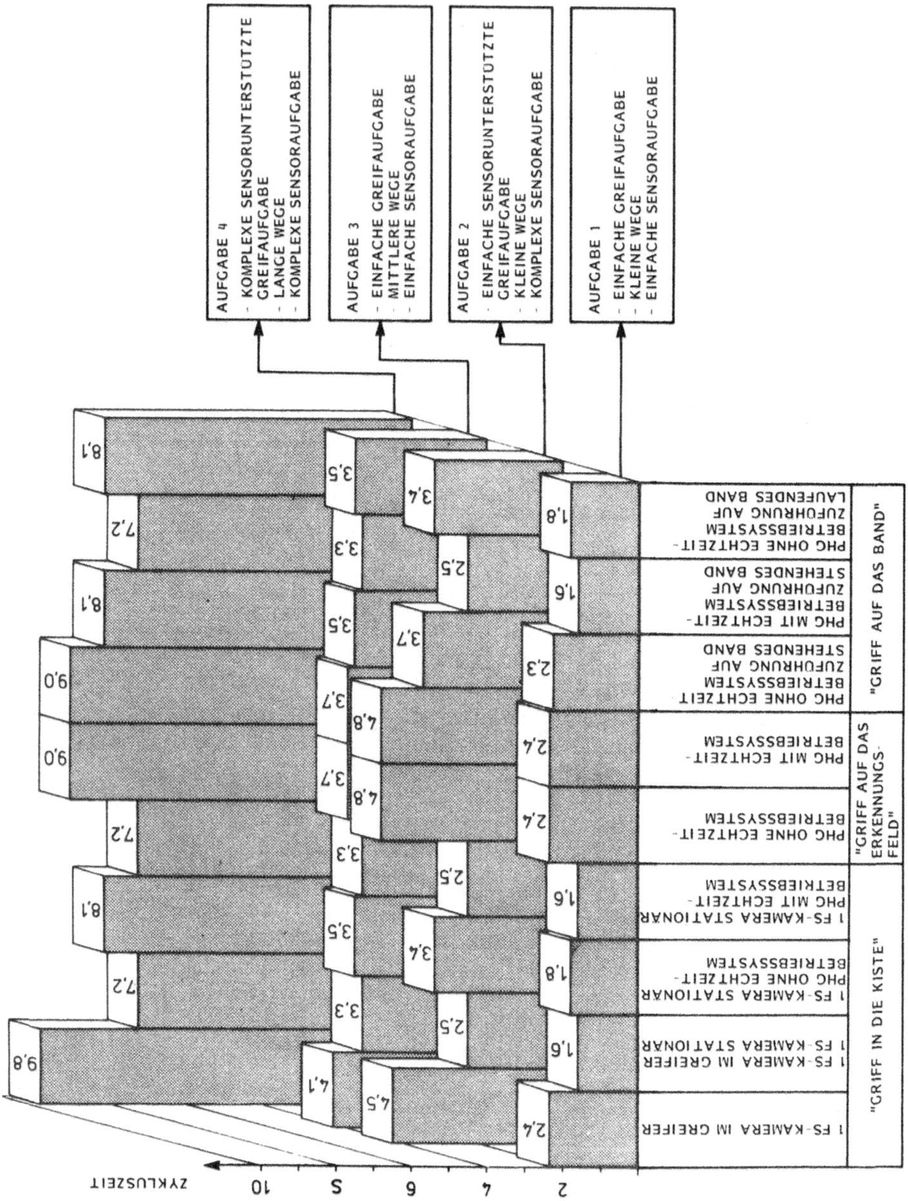

<u>Bild 25:</u> Zykluszeiten verschiedener Systemalternativen bei unterschiedlichen Aufgabenstellungen

Mit abnehmenden Verfahrwegen (bedingt durch kleinere Werkstücke) ist das System "Griff aufs Band" (Layout 5) besser geeignet als das System "Griff aufs Erkennungsfeld" (Layout 4). Dieser Effekt wird noch verstärkt, wenn die Handhabungswege dadurch verkürzt werden können, daß das Transportband die Werkstücke dichter an die Fügestelle bringt, als dies beim "Griff aufs Erkennungsfeld" möglich ist.

Wird auf ein sich bewegendes Transportband zugegriffen, so erhöht sich die Zykluszeit, bedingt durch den Zeitaufwand für die Datenübertragung und die Datenverarbeitung in der PHG-Steuerung.

Erst durch die Verwendung eines Echtzeitbetriebssystems und durch den "Griff aufs Band" können bei den heute verfügbaren WES Zykluszeiten erreicht werden, die der manuellen Zykluszeit nahekommen.

4.5 Vergleich der Layoutalternativen

Die entwickelten Layoutalternativen sind hinsichtlich ihrer Vor- und Nachteile in Bild 26 analysiert.

SYSTEM	VORTEILE	NACHTEILE
"GRIFF IN DIE KISTE"	- geringer Peripherieaufwand nötig (keine Separierung, keine Transporteinrichtung) - relativ kurze Zykluszeit	- Sensoren zum "Griff in die Kiste" sind noch nicht allgemein verfügbar (bisher nur Versuchsmuster für eingeschränkte Werkstückspektren) - Wege für das Handhabungsgerät relativ groß (in Abhängigkeit von der Speichergröße)
"GRIFF AUFS ERKENNUNGSFELD"	- mittlerer Peripherieaufwand (nur Separierung, kein Transportband)	- mittelgroße Wege für das Handhabungsgerät - relativ lange Zykluszeit
"GRIFF AUFS BAND"	- kurze Zykluszeit - sehr kurze Wege für das Handhabungsgerät - Ausgleich von Zykluszeitschwankungen durch systeminternen Puffer (Transportband)	- relativ hoher Peripherieanteil - Steuerungsprogramme relativ aufwendig wegen der Koordination der verschiedenen Teilsysteme

Bild 26: Vor- und Nachteile von Layoutalternativen für Ordnungssysteme

Der allgemeine "Griff in die Kiste" ist derzeit nicht industriell durchzuführen, da keine geeigneten WES zur Verfügung stehen. Wenn es solche WES gibt, wird der "Griff in die Kiste" im allgemeinen die beste Lösung sein, außer wenn sehr kurze Systemzykluszeiten erforderlich sind. Das System "Griff aufs Erkennungsfeld" ist die ungünstigste der drei Alternativen. Das System "Griff aufs Band" ist das derzeit am vorteilhaftesten anwendbare System, mit dem Nachteil der höchsten Investitionskosten. Wenn sehr kurze Zykluszeiten erforderlich sind, ist dieses System auch noch vorteilhaft, selbst wenn Sensoren für den "Griff in die Kiste" entwickelt sind.

5 Zugänglichkeit von Werkstücken

In Anbetracht der räumlichen Ausdehnung der Greiferbacken, insbesondere bei Mehrfingergreifern, ist es nötig zu wissen, ob ein Werkstück, dessen räumliche Anordnung durch einen WES ermittelt wurde, auch ohne Kollision der Greiferbacken mit umliegenden Werkstücken oder mit der Speicherbegrenzung gegriffen werden kann. Die Zugänglichkeit gibt dabei an, ob ein kollisionsfreier Zugriff auf ein Werkstück gegeben ist.

5.1 Bedingte Werkstückzugänglichkeit

Bei einem Haufwerk ist es meist nicht möglich, alle Werkstücke ohne Kollisionen wahlfrei zu greifen, obwohl die Lage der Werkstücke bekannt ist. Es ist jedoch meist möglich, unter Einhaltung einer bestimmten Greifreihenfolge ein Werkstück nach dem anderen kollisionsfrei zu greifen.

Zugängliche Werkstücke sind dabei solche, die ohne Kollisionen aus ihrer Umgebung gegriffen und entnommen werden können.

Bedingt zugängliche Werkstücke sind solche, die erst nach der Entfernung von anderen, zugänglichen Werkstücken, zugänglich werden.

Unzugängliche Werkstücke sind solche, die bei den gegebenen Randbedingungen (Greifer, Kinematik des Handhabungsgerätes) nur unter Kollisionen oder auch überhaupt nicht aus dem Haufwerk entnommen werden können. Ein Haufwerk aus sogenannten Wirrteilen besteht unter Umständen nur aus unzugänglichen Werkstücken. Daher werden diese Wirrteile meist vor der Handhabung durch spezielle Entwirrvorrichtungen zugänglich gemacht /27/.

Die Zugänglichkeit ist also ein relatives Merkmal, und zwar sowohl in Bezug auf das Werkstück und seine Umgebung, als auch auf das Element, das den Zugang sucht, in diesem Fall den Greifer des Handhabungsgerätes.
Im Normalfall gibt es in einem Haufwerk sowohl zugängliche, als auch bedingt zugängliche Werkstücke. Es ist die Aufgabe der Steuerung, die optimale Greifreihenfolge so zu ermitteln, daß alle Werkstücke mit minimalem Aufwand aus dem Haufwerk gegriffen werden können.
Die Ermittlung der zugänglichen Werkstücke kann dadurch erfolgen, daß nach jedem Greifvorgang eine Analyse des Haufwerks hinsichtlich greifbarer Werkstücke durch den Werkstückerkennungssensor erfolgt.
Eine zweite Möglichkeit besteht darin, die optimale Greifreihenfolge aller Werkstücke im Erkennungsfeld bei einem einmaligen Erkennungsvorgang zu ermitteln. Das letztere Verfahren kann dann zwingend notwendig werden, wenn das Haufwerk nach dem Erkennungsvorgang aus dem Erkennungsfeld entfernt wird.
Eine dritte Möglichkeit ist die Zugänglichkeitsbestimmung aufgrund von Lagedaten, aber ohne eine Verwendung des Werkstückerkennungssensors.
Die nachfolgende Zugänglichkeitsbestimmung wird als ebenes Problem behandelt, entsprechend der Leistungsfähigkeit der heute verfügbaren Werkstückerkennungssensoren.

5.2 Zugänglichkeitsbestimmung

Die Einflußfaktoren der Zugänglichkeit sind:

- Lage der Werkstücke, deren Zugänglichkeit bestimmt werden soll, zu ihrer Umgebung
- Lage der Greiferangriffsflächen bezüglich der Werkstückform
- Form und Art des Greifers und der Greiferbacken
- Möglichkeiten des Handhabungssystemes, die Einfahrbewegung des Greifers zu gestalten (Punkt-, Bahnsteuerung, Kinematik, Aufstellung des Handhabungssystems bezüglich der zu greifenden Werkstücke)

o Toleranzen des Erkennungssystems, des Handhabungssystems und des Greifers, und der Werkstücke, die zu Sicherheitsbereichen führen

Bild 27 zeigt das Beispiel für eine vom Sensor ausgewertete Szene. Das Werkstück W3 ist zugänglich, die Werkstücke W1, W2 und W4 sind bedingt zugänglich, das Werkstück W5 ist unzugänglich (wegen der Kollision mit dem Speicherrand).

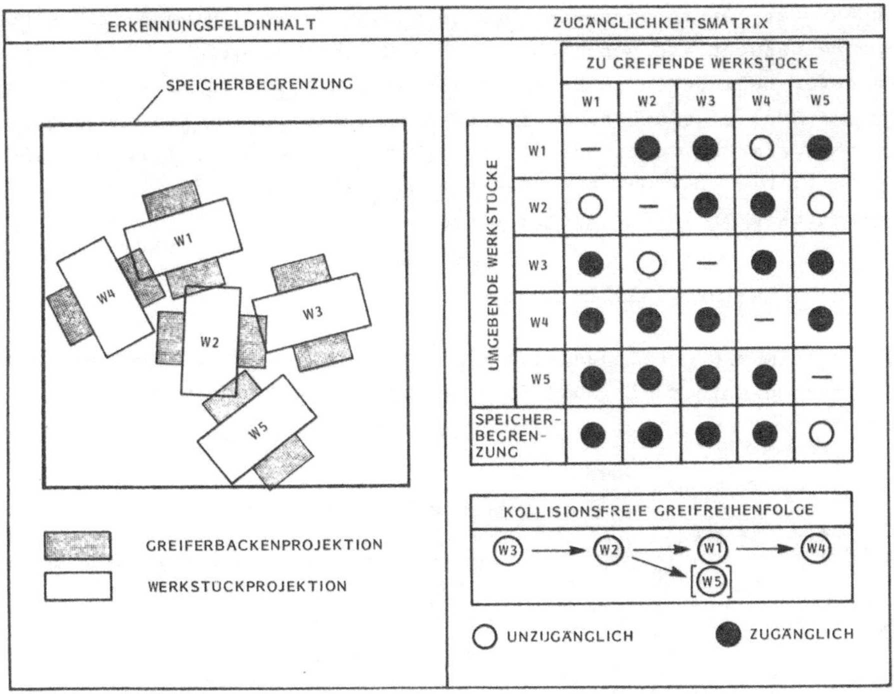

Bild 27: Erkennungsfeldinhalt und beschreibende Zugänglichkeitsmatrix

5.2.1 Zugänglichkeitsmatrix

Zur Bestimmung der Greifreihenfolge wird für jedes Werkstück ermittelt, ob die zugehörige Greiferbackenprojektion die umgebenden Werkstückprojektionen beziehungsweise andere Hindernisse berührt oder schneidet. Für jedes Werkstück wird so eine Tabelle angelegt, in der die Zugänglichkeitsbedingungen festgehalten sind. Werden die Zugänglichkeitstabellen zu einer Zugänglichkeitsmatrix (Bild

27) zusammengesetzt, so kann mit dieser die optimale Greifreihenfolge ermittelt werden. Dabei werden zuerst zugängliche Werkstücke ermittelt, indem man nach den Spalten sucht, in denen sich ausschließlich zugängliche Elemente befinden, (in Bild 27 ist dies die Spalte W3). Ist eine solche Spalte gefunden, so kann das Werkstück gegriffen werden (im Beispiel das Werkstück W3). Ist es aus dem Werkstückhaufwerk entfernt, so kann die entsprechende Spalte und die entsprechende Zeile aus der Matrix gelöscht werden (im Beispiel wird Spalte W3 und Zeile W3 aus der Matrix gelöscht). Nach dem Löschen der entsprechenden Spalte und Zeile wird wieder nach einer Spalte gesucht, in der sich ausschließlich zugängliche Umgebungselemente befinden (im Beispiel ist dies die Spalte W2). Wird eine solche Spalte gefunden, so ist dieser Spalte das nächste zugängliche Werkstück zugeordnet. Diese Vorgehensweise wird solange wiederholt, bis entweder nur noch unzugängliche Werkstücke oder kein Werkstück mehr in der Matrix enthalten ist.

5.2.2 Greiferbackenprojektion

Zur Bestimmung der Zugänglichkeit ist es nötig, die Projektion der Greiferbackenform als Modell zu verwenden (siehe Bild 28).

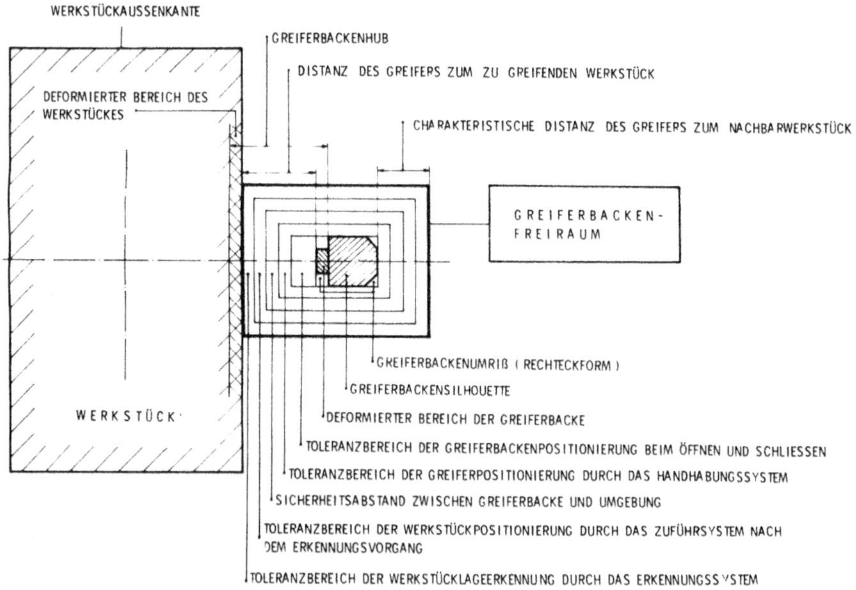

Bild 28: Greiferbackenfreiraum

Der Umriß der Greiferbackenprojektion kann einerseits als Linienzug für eine trigonometrische Zugänglichkeitsbestimmung verwendet werden. Dabei ist es aus Gründen der Rechenzeitverkürzung meist sinnvoll, eine vereinfachte Projektionsform zu verwenden. Andererseits kann der Werkstückerkennungssensor die Greiferbackenform auch durch ein Flächenmuster annähern. Die nötigen Sicherheitsabstände können hierbei durch Dilatation (Vergrößerung) der Greiferbackenprojektion hergestellt werden /21/.

5.2.3 Geometrische Zugänglichkeitsbestimmung

5.2.3.1 Zugänglichkeitsbestimmung bei eindeutigen Greiferangriffsstellen

Bei der trigonometrischen Zugänglichkeitsbestimmung werden die Schnittpunkte der Greiferbackenprojektionsflächen mit den Werkstückprojektionsflächen durch trigonometrische Methoden ermittelt. Die Außenkonturen der Projektionen werden dabei als Linienzüge geometrisch beschrieben und es werden die Punkte gesucht, die beiden Linienzügen gemeinsam sind (in Bild 29 sind dies die Punkte P1 bis P4).
Zur Bestimmung möglicher, gemeinsamer Schnittpunkte der Linienzüge müssen alle Begrenzungslinien der Greiferprojektion und alle Begrenzungslinien der Werkstückprojektion miteinander kombiniert werden, die für eine Zugänglichkeitsermittlung wichtig sind.
Eine Auswahl aus allen vorliegenden Werkstückbegrenzungslinien ist im Sinne einer Verkürzung der Rechenzeit sinnvoll. Dazu kann z.B. um das Werkstück, dessen Zugänglichkeit ermittelt werden soll, ein umschreibendes Rechteck gelegt werden, das den Greiferbackenfreiraum einschließt. Danach werden nur noch solche Begrenzungslinien für die weitere Zugänglichkeitsbetrachtung berücksichtigt, deren Endpunkte innerhalb des umschriebenen Rechtecks liegen.

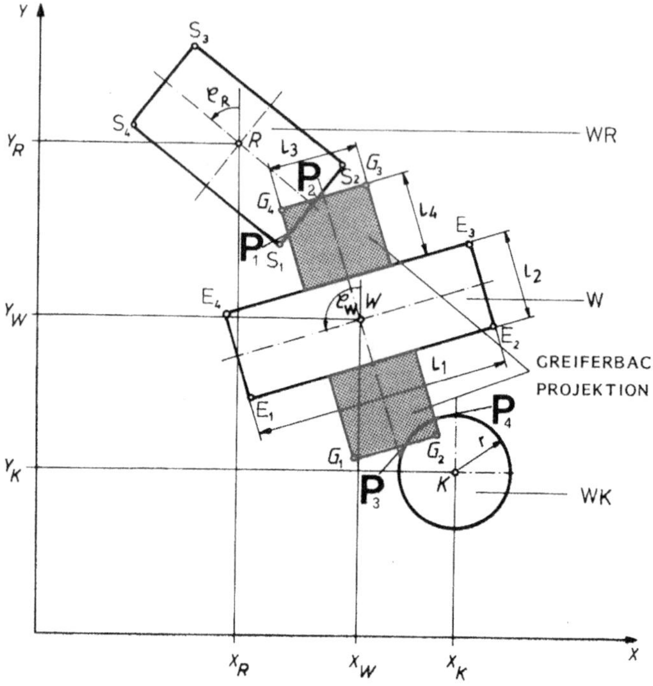

INDEX W	WERKSTÜCK DAS GEGRIFFEN WERDEN SOLL
INDEX R	BENACHBARTES WERKSTÜCK MIT RECHTECKFLÄCHE
INDEX K	BENACHBARTES WERKSTÜCK MIT KREISFLÄCHE
P1 - P4	SCHNITTPUNKTE GREIFERFREIRAUM-NACHBARWERKSTÜCKE

Bild 29: Werkstückprojektion (Rechteck) mit Greiferfreiraumprojektion

5.2.3.2 Zugänglichkeitsbestimmung mit nicht fest vorgegebenen - Greiferansatzstellen

Wenn die zulässigen Greiferansatzstellen nicht festgelegt sind, sondern in einem bestimmten Bereich am Werkstück liegen können (siehe Bild 30), so ergibt sich das Problem, die optimalen Greiferansatzstellen zu finden.

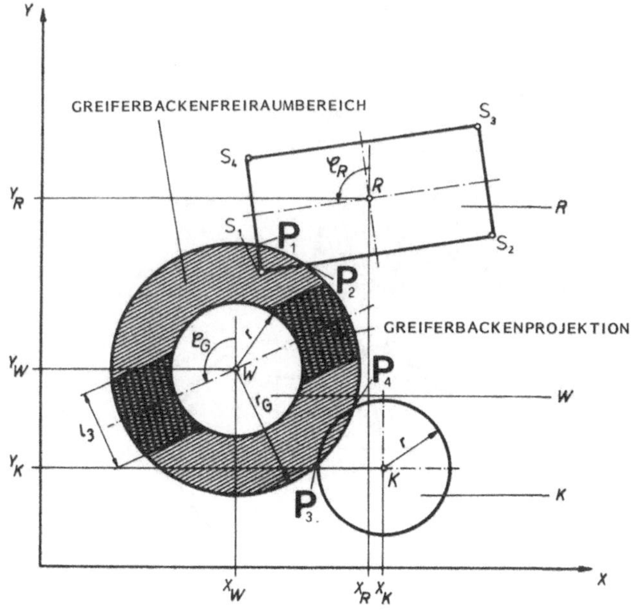

φ_G – GREIFWINKEL

P_1 - P_4 SCHNITTPUNKTE GREIFERBACKENFREIRAUM-NACHBARWERKSTÜCKE

Bild 30: Werkstückprojektion (Kreis) mit Greiferbackenprojektion

Diese optimale Greiferansatzstelle kann z.B. durch die Fügeaufgabe gegeben sein. Ist die Wahl der Greiferansatzstelle nicht durch andere Kriterien vorgegeben, so ist die Zugänglichkeit zum Werkstück das entscheidende Kriterium für die Wahl der Greiferansatzstelle. In diesem Falle wird die Greiferansatzstelle innerhalb des zulässigen Bereiches gesucht, in der die Zugänglichkeit optimal ist. Das Optimum ist bei einem maximalen Sicherheitsabstand zu den Nachbarwerkstücken gegeben.

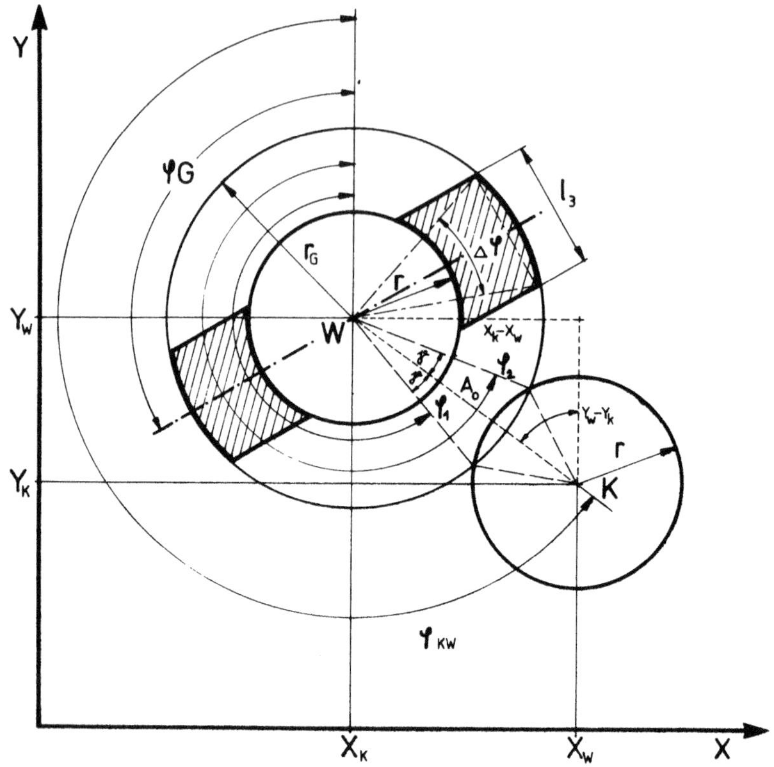

Bild 31: Bestimmung des Greiferbackendrehwinkels

Zur Bestimmung des Greiferbackendrehwinkels φ_G in Bild 31, um den die Greiferbacken gedreht werden müssen, damit keine Kollision zwischen der Greiferbacke und dem Werkstück K auftritt, wird folgendermaßen vorgegangen.

Nach dem Cosinussatz gilt

$$r^2 = A_0^2 + r_G^2 - 2 \cdot A_0 \cdot r_G \cdot \cos \gamma \qquad (1)$$

oder aufgelöst

$$\gamma = \arccos \frac{A_0^2 + r_G^2 - r^2}{2 A_0 \cdot r_G} \qquad (2)$$

wobei

$$A_o = \sqrt{(x_W - x_K)^2 + (y_K - y_W)^2} \qquad (3)$$

ist. Mit

$$\tan \varphi_{KW} = \frac{x \; - x}{y_W - y_K} + 180° \quad (4)$$ ergibt sich $$\varphi_{KW} = \arctan \frac{x_K - x_W}{y_W - y_K}, \qquad (5)$$

mit (5) und (2) folgen

$$\varphi_1 = \arctan \frac{x_K - x_W}{y_W - y_K} - \arccos \frac{A_o^2 + {}_G^2 - r^2}{2 A_o \cdot r_G} + 180° \qquad (6)$$

und

$$\varphi_2 = \arctan \frac{x_K - x_W}{y_W - y_K} + \arccos \frac{A_o^2 + {}_G^2 - r^2}{2 A_o \cdot r_G} + 180° \qquad (7)$$

Nun läßt sich der Bereich finden, in dem die Greiferbacken das Werkstück kollisionsfrei greifen können. Dabei ergibt sich der Greiferfreiraumwinkel zu

$$\varphi_{Gu} = \varphi_1 - \frac{\Delta\varphi}{2} \quad (8)$$ und $$\varphi_{Go} = \varphi_2 + \frac{\Delta\varphi}{2} \qquad (9)$$

Der Freiraumwinkel $\Delta\varphi$ ergibt sich aus

$$\sin \frac{\Delta\varphi}{2} = \frac{l_3}{2 \cdot r_G} \qquad (10)$$

zu

$$\Delta\varphi = 2 \cdot \arcsin \frac{l_3}{2\, r_G} \; . \qquad (11)$$

Der Drehwinkel φ_G, in dem die Greiferbacke das Werkstück kollisionsfrei greifen können ist

$$\varphi_{Go} - 180° \leq \varphi_G \leq \varphi_{Gu} \; . \qquad (12)$$

Der optimale Greifwinkel hinsichtlich des Sicherheitsabstandes zwischen Grieferbacken und Werkstück ist

$$\varphi_{Gopt} = (\varphi_1 + \varphi_2)/2 - 90° \; . \qquad (13)$$

5.2.4 Zugänglichkeitsbestimmung durch Bildspeicheroperationen

Bei der Zugänglichkeitsbestimmung durch Bildspeicheroperationen werden die Projektionen der Werkstück- und Greiferbacken (Silhouetten im Kamerabild) im Bildspeicher verwendet. Es wird aus der Greiferbackensilhouette mit den dazugehörigen Sicherheitsabständen eine Fläche gebildet, die sich in ihrer Gesamtheit durch Bildpunkte im Bildspeicher abbilden läßt. Diese erweiterte Greiferbackensilhouette, ihre Randlinie, oder ein wichtiger, außenliegender Teil der Randlinie, wird dann in den Bildspeicher, in dem die Szene des Werkstückerkennungssensors abgelegt ist, an den Greiferansatzstellen um die zu greifenden Werkstücke eingeblendet. Die Einblendung der Greiferbackensilhouette erfolgt für jede Werkstücksilhouette getrennt, mit der Einbeziehung der Umgebung der untersuchten Werkstücksilhouette. Werden die umgebenden Werkstücke nacheinander in die Szene eingeblendet, so kann für jede Silhouettenkombination die Zugänglichkeit ermittelt werden. Gemeinsame Flächenanteile von Greiferbackensilhouetten und Werkstücksilhouetten zeigen an, daß die untersuchte Werkstücksilhouette unzugänglich ist.

Bei nicht fest vorgegebenen Greiferbackensilhouetten wird die Fläche, die die Greiferbackensilhouette darstellt, innerhalb des zulässigen Bereiches um die Werkstücksilhouette verschoben, um festzustellen, ob sich ein Bereich ohne Überschneidung der Fläche mit den Silhouetten von Nachbarwerkstücken finden läßt.

5.2.5 Gegenüberstellung der Methoden zur Zugänglichkeitsbestimmung

Bild 32 zeigt eine Gegenüberstellung beider Methoden.

Methoden zur Zugänglichkeitsbestimmung / Kriterien	Geometrische Zugänglichkeits-bestimmung	Zugänglichkeits-bestimmung mit Bildspeicher
Rechenzeit bei einfachen Silhouettenformen	kurz	mittel
Rechenzeit bei komplexen Silhouettenformen	lang	mittel
Erkennungsfeld über-schreitende Zugänglichkeits-bestimmung möglich	ja	⊕ bedingt
Programmieraufwand	mittel	klein

⊕ hängt von der Größe des Bildspeichers ab

Bild 32: Methoden der Zugänglichkeitsbestimmung

Die Vorteile beider Methoden können miteinander verbunden werden, wenn zuerst eine Zugänglichkeitsbestimmung mit Hilfe des Bildspeichers vorgenommen wird und bei Werkstücken, die als unzugänglich ermittelt werden, eine trigonometrische Zugänglichkeitsbestimmung vorgenommen wird, die die weitere, außerhalb des Bildspeichers befindliche Umgebung mit einbezieht (siehe Bild 33).

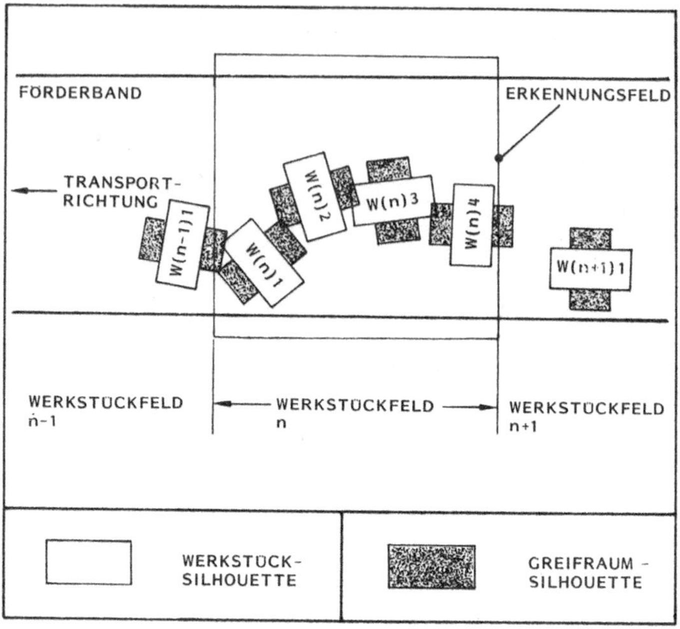

	ZUGÄNGLICHE WERKSTÜCKE		
STUFE 1	W(n)1	W(n)3	W(n+1)1
STUFE 2	W(n-1)1	W(n)2 W(n)4	

Bild 33: Erkennungsfeldüberschreitende Zugänglichkeitsbestimmung

6 Flexible Separierungssysteme

6.1 Auswahl des Separierungsprinzips

Ausgehend von der Zusammenstellung bestehender Separierungsprinzipien /2,3,11,12,26,27,32/ wurde eine Bewertung der Systeme vorgenommen. Die Bewertung hat zum Ziel, das System zu finden, bei dem eine Weiterentwicklung inbesondere hinsichtlich der Programmierbarkeit der Zuführung am besten zu verwirklichen ist (Bild 34). Aus diesem Grund werden die Kriterien Flexibilität (das die Programmierbarkeit des Systems einschließt), Kosten und Zuverlässigkeit am stärksten gewichtet. Den höchsten gewichteten Gesamterfüllungsgrad aller Systeme hat das System "Speicher mit Auslaßklappe am Boden". Aber auch die Systeme:"Förderbänder mit unterschiedlichen Geschwindigkeiten", "Schwingplattenentwirrer","Schöpfgerät" und "Schleppkettenförderer" erreichen gute Gesamterfüllungsgrade. Für die weitere Betrachtung wird das System "Speicher mit Auslaßklappe am Boden" gewählt und im folgenden als Separierungsspeicher bezeichnet.

BEURTEILUNGSKRITERIEN (Erfüllungsgrad: 1= gut erfüllt, 0,5= teilweise erfüllt, 0= nicht erfüllt)				Werkstückmerkmal					Taktzeitabhängigkeit					
				vereinzelbare Abmessungen - Formen - Masse	Entwirreigen-schaften	Werkstückbean-spruchungen	vereinzelbare Werkstoffarten	Flexibilität des Separiersystems	mittlere Aus-bringung pro Zeiteinheit	Konstanz der Ausbringung - Zuverlässigkeit	Reaktionszeit auf Anforderung	Umwelteinflüsse (Geräuschemission)	Kostenrelation	Summe der gewichteten Punktzahlen
Teilsummen der Gewichtungen				0,4					0,3			0,1	0,2	
Einzelgewichtung der Kriterien				0,1	0,05	0,05	0,05	0,15	0,1	0,15	0,05	0,1	0,2	
SYSTEME			BEISPIELE											
ruhende Speicher mit bewegten Austragselementen	umlaufende Austragselemente		Magnetscheibenentwirrer	0,5	0	0,5	0	0,5	1	0,5	0,5	0,5	0,5	0,5
			Flügelradspeicher	0	0,5	0	1	0	1	0,5	0,5	0	1	0,475
			Schleppkettenförderer	1	0,5	0	1	0,5	1	1	0,5	0	0,5	0,625
	alternierend bewegte Austragselemente ungezielt bezüglich bestimmter Werkstücke	Werkstückaustrag -aus der gesamten Speicherfüllung	Hubscheibenentwirrer	0,5	0,5	0	1	0,5	0,5	0,5	0	0	1	0,525
			Bürstenaustragsspeicher	0	1	0	0,5	0	0,5	0,5	0	0,5	0,5	0,35
			Schwingplattenentwirrer	0,5	1	0	0,5	1	1	1	0,5	0	0,5	0,65
		-von der Oberseite der Speicherfüllung	Schöpfgerät	1	0,5	1	0	1	0	0,5	0,5	1	0,5	0,625
			Saugfeldförderer	0	0	1	1	0,5	0,5	0,5	0	1	0,5	0,5
		-von der Unterseite der Speicherfüllung	Speicher mit Auslaßklappe am Boden	1	0,5	0,5	1	1	0,5	1	1	0,5	0,5	0,75
	gezielt auf einzelne Werkstücke bewegte Austragselemente		PHG mit flexiblem Sauggreifer	0	0	1	1	0,5	0,5	0,5	0,5	1	0	0,425
			PHG mit flexiblem Zwei - Fingergreifer	0,5	0,5	1	1	1	0,5	0,5	0,5	1	0	0,525
			PHG mit flexiblem Drei - Fingergreifer	0,5	0,5	1	1	1	0,5	1	0,5	1	0	0,55
ruhende Speicher mit ruhenden Austragselementen	pneumatisch bewegter Speicherinhalt		Blasförderer	0	1	0	1	0,5	0,5	0,5	0,5	0,5	0,5	0,525
	elektrisch bewegter Speicherinhalt		Wanderfeldentwirrer	0	1	0	0	0	1	0,5	0,5	0,5	0,5	0,4
bewegte Speicher mit feststehenden Austragselementen	umlaufende Speicher		Streutrommel	0	0,5	0	1	0,5	1	0,5	0,5	0	1	0,55
			Schöpfelementspeicher	0,5	0,5	0	1	0,5	1	0,5	0,5	0,5	0,5	0,55
	alternierend bewegte Speicher		Hubspeicher mit Austragsschiene	0	0,5	0	1	0,5	0,5	0,5	0,5	0,5	1	0,55
bewegte Speicher mit bewegten Austragselementen	umlaufende Bewegung		Kegelwalzenentwirrer	0,5	0,5	0,5	1	1	0,5	0,5	0,5	0,5	0,5	0,6
			Zellenradspeicher	0,5	0,5	0	1	0,5	1	0,5	0,5	0	0,5	0,5
			Förderbänder mit unterschiedl. Geschwindigkeit	0,5	0	1	1	1	1	0,5	0,5	0,5	0,5	0,65
			Austragsspeicher mit Rollenvereinzelung	0,5	0	0,5	1	0	0,5	0	0,5	0,5	0,5	0,35
	alternierende Bewegung		Nagelbrettentwirrer	0,5	1	0	0,5	0,5	1	0,5	0,5	0	0,5	0,5
			Vibrationswendelförderer	1	0,5	0,5	0,5	0,5	1	0,5	0,5	0,5	0,5	0,6

Bild 34: Separierungsprinzipien und ihre Bewertung

6.2 Entwicklung des flexiblen Separierungsspeichers

6.2.1 Systemkonzept

Das für die Weiterentwicklung ausgewählte Prinzip besteht aus den in Bild 35 dargestellten Komponenten.

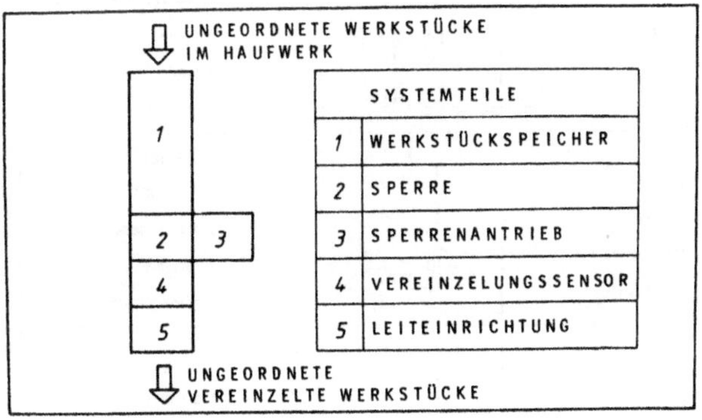

Bild 35: Komponenten des Separierungsspeichers

Für die Systemkomponenten wurde ein morphologischer Kasten aufgestellt (Bild 36).

SYSTEMELEMENT	AUFGABE	LÖSUNG 1	LÖSUNG 2	LÖSUNG 3	LÖSUNG 4	LÖSUNG 5	LÖSUNG 6
WERKSTÜCK-SPEICHER	SPEICHERUNG VON WERKSTÜCKEN	TRICHTER	QUADERFÖRMIGER BEHÄLTER (GITTERBOX, KARTON)	FÖRDER-BAND			
SPERRE	ZURÜCKHALTEN UND FREIGEBEN VON WERKSTÜCKEN	SCHIEBER	DREHKLAPPE	VERSPANNTE ROLLEN	FÖRDER-BAND	LUFTSTROM-SPERRE	BALG
SPERREN-ANTRIEB	ZUFÜHREN VON MECHANISCHER ENERGIE ZUR SPERRE	HUBMAGNET	GLEICHSTROM-MOTOR	PNEUMATIK-ZYLINDER	HYDRAULIK-ZYLINDER	SCHRITT-MOTOR	
VER-EINZELUNGS-SENSOR	FESTSTELLUNG VON VEREINZELUNGS-VORGÄNGEN	AKUSTISCHER SENSOR	ULTRASCHALL-BEWEGUNGS-SENSOR	KAPAZITIVER SENSOR	RAHMEN-LICHT-SCHRANKE	REFLEX-LICHT-SCHRANKE	WERKSTÜCK-ERKENNUNGS-SENSOR
LEIT-EINRICHTUNG	AUSGABE VEREINZELTER WERKSTÜCKE	RINNE	FÖRDER-BAND				

Bild 36: Mornhologischer Kasten für den Separierungsspeicher

Bild 37 zeigt die Alternativen für das wichtigste Systemelement die Sperre.

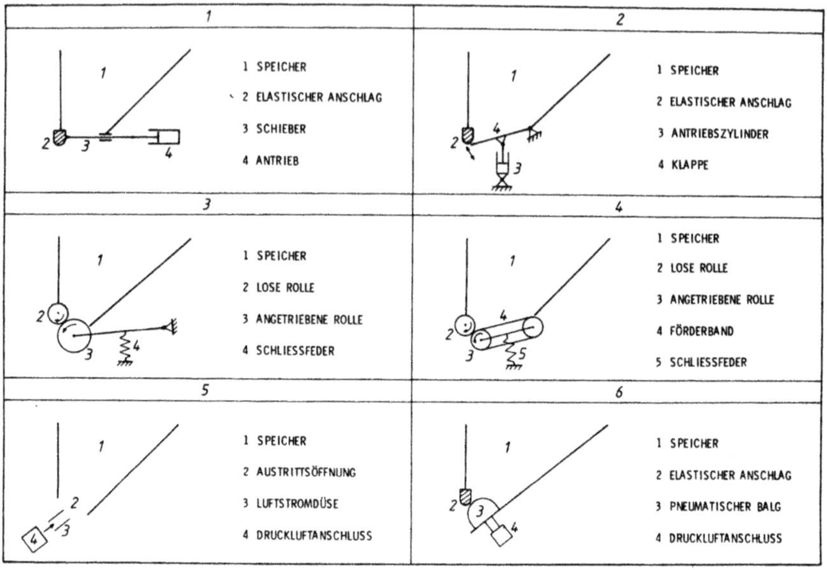

Bild 37: Systemalternativen für das Element Sperre

6.2.2 Versuchsaufbau

6.2.2.1 Mechanik

Nach einer Bewertung der Lösungsprinzipien wurde ein Versuchsaufbau aus folgenden Komponenten zusammengestellt:

SYSTEMTEIL	AUSGEFÜHRTES PRINZIP
o Werkstückspeicher	o Trichter
o Sperre	o Drehklappe
o Sperrenantrieb	o Pneumatikzylinder
o Separierungssensor	o Rahmenlichtschranke
o Leiteinrichtung	o Rinne

Den ausgeführten Separierungsspeicher zeigt Bild 38.

Bild 38: Separierungsspeicher

6.2.2.2 Steuerung des Separierungsspeichers

Die Steuerung des Separierungsspeichers zeigt Bild 39.

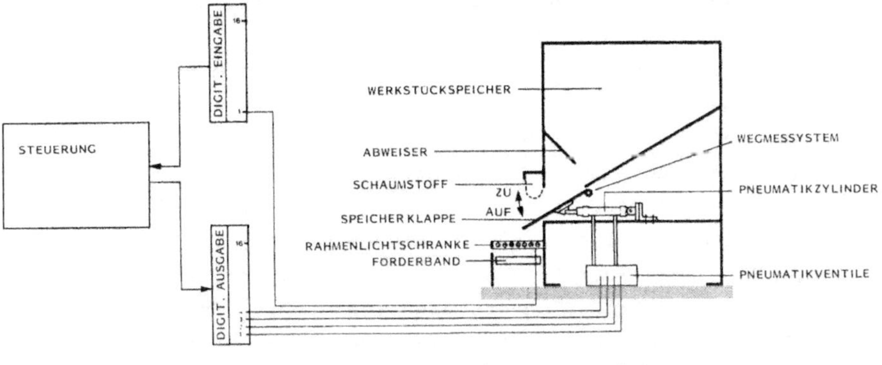

Bild 39: Steuerungsaufbau des Separierungsspeichers

6.2.3 Versuche zur Funktionsweise

Der Zusammenhang zwischen der Klappenöffnung, den Werkstückabmessungen und der Zahl der separierten Werkstücke bei einem bestimmten Werkstücktyp ist in Bild 40 gezeigt.

KLAPPEN-ÖFFNUNG (mm)	VERSUCHS NUMMER									
	1	2	3	4	5	6	7	8	9	10
35	0	0	0	0	0	0	0	0	0	0
50	0	0	0	0	0	0	0	1	1	1
65	0	0	0	0	0	0	0	1	1	1
80	0	0	0	0	0	1	1	1	1	1
95	0	1	1	1	1	1	1	2	2	2
110	0	0	1	1	1	2	2	2	2	§
125	2	2	2	§	§	§	§	§	§	§
140	2	2	2	§	§	§	§	§	§	§
155	1	2	§	§	§	§	§	§	§	§
170	2	§	§	§	§	§	§	§	§	§
185	§	§	§	§	§	§	§	§	§	§

0 = Kein Werkstück separiert
1 = Ein Werkstück separiert
2 = Zwei Werkstücke separiert
§ = Mehr als zwei Werkstücke separiert

Bild 40: Separierungserfolg in Abhängigkeit von der Klappenöffnung (Werkstückdurchmesser 21 mm, Werkstücklänge 36 mm Werkstückmasse 16g)

Es ergibt sich, daß die Wahrscheinlichkeit für die Separierung von mehr als zwei Werkstücken ab einer bestimmten Klappenöffnung (in dem gezeigten Fall ab 110 mm) grösser 0 ist.
Da es das Ziel der Separierungssteuerung ist, möglichst wenige Werkstücke (eines oder maximal zwei) zu separieren, müssen Klappenöffnungen, die größer oder gleich diesem Grenzwert sind, vermieden werden. Für jedes Werkstück ist dieser Grenzwert, abhängig von der Werkstückform und Größe, unterschiedlich. Die Grenzwerte werden durch Testläufe ermittelt, bei denen der Separierungserfolg in Abhängigkeit von der Klappenöffnung ermittelt wird.
Die Einhaltung der Grenzwerte kann durch die Begrenzung der Zeitdauer des Klappenöffnungsvorganges oder durch Messung der Klappenöffnung und eine entsprechende Steuerung erreicht werden.

Aufbauend auf diese Meßergebnisse wurde ein Algorithmus entwickelt, der die Klappe so steuert, daß sie Schwingbewegungen mit einer Frequenz von 2 bis 5 Hz ausführt. Bei jeder dieser Schwingungen wird die Klappe um einen bestimmten Betrag weiter geöffnet, bis zur maximal zulässigen Öffnungsweite. Die sich dabei ergebenden Separierungsergebnisse sind in Bild 41 gezeigt.

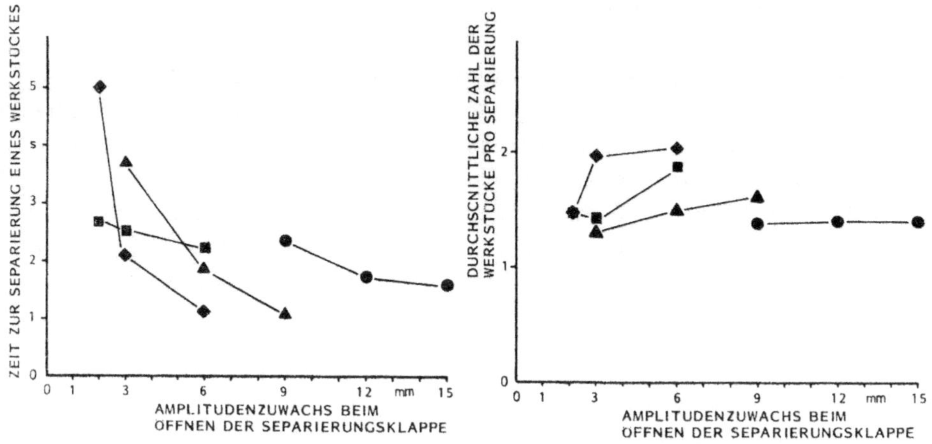

TEIL	DURCHMESSER [mm]	LÄNGE [mm]	DIAGONALE [mm]
●	45	28	53
▲	21	38	43,4
■	21	33	39,1
◆	31	11	32,8

Bild 41: Separierungszeit und Zahl der separierten Werkstücke pro Separierungsvorgang in Abhängigkeit von dem Amplitudenzuwachs und der Werkstückgröße

6.4 Einsatzmöglichkeiten des Separierungsspeichers

Durch die Versuche konnte gezeigt werden, daß sich die durchschnittliche Zahl der separierten Werkstücke durch die Wahl des Amplitudenzuwachses so steuern läßt, daß sie zwischen 1,3 und 2 pro Separiervorgang liegt. Die durchschnittliche Zeit bis zur Separierung eines Werkstückes variiert ebenfalls mit dem Amplitudenzuwachs und liegt zwischen 1 und 5 Sekunden. Je länger die Zeit bis zur Separierung eines Werkstücks ist, desto kleiner ist die Zahl der separierten Werkstücke, d.h. desto besser ist die Qualität des Separierens. Je nach der Zykluszeit der übrigen Systemkomponenten wird der Amplitudenzuwachs so gewählt werden, daß die Zeit bis zur Separierung eines Werkstücks so lang wie möglich ist, um die Zahl der separierten Werkstücke pro Separiervorgang möglichst gering zu halten.

Die Grenzen des entwickelten Separierungspeichers sind durch folgende Tatsachen gegeben:

- o Werkstücke über einer Maximalabmessung von etwa 100 mm können wegen der Lärmentwicklung beim Fallen und der Beschädigungsgefahr für die Werkstücke nicht durch den Separierungsspeicher separiert werden.
- o das Verhältnis zwischen Klappengröße und Werkstückgröße gestattet nur die Separierung von Werkstücken in einem bestimmten Größenbereich ohne Änderung der Klappengeometrie
- o Wirrteile können nicht separiert werden
- o die Ermittlung der Steuerungsparameter erfordert Versuche

7 Flexible Orientierungseinrichtungen

Soll ein Körper von seiner beliebigen Position und Orientierung (Istlage) in eine andere, frei wählbare Position und Orientierung (Sollage) gebracht werden, so ist die Zahl der dazu benötigten Bewegungen (Verschiebungen und Drehungen) ein Maß für den Ordnungsaufwand. Zur Bestimmung der Zahl und Anordnung der für das Ordnen nötigen Bewegungsachsen wird im folgenden untersucht, welche kinematischen Anordnungen für das Ordnen mit PHG einsetzbar sind.

7.1 Orientierungsvorgang

Zunächst wird die Kinematik des Ordnungsvorganges untersucht. Die Anordung eines Werkstücks im Raum läßt sich durch die Lage eines werkstückfesten Koordinatensystems in einem raumfesten Koordinatensystem (Position und Orientierung) beschreiben (Bild 42).

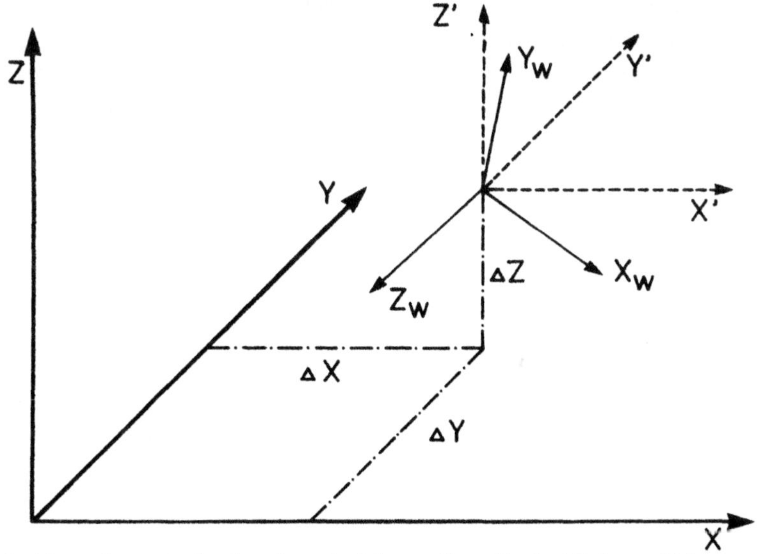

Bild 42: Geometrische Darstellung der Werkstückposition und -orientierung (Index W) im raumfesten Koordinatensystem

Die Positionierung von Werkstücken wird von den Hauptachsen des PHG geleistet, zur Orientierung werden die Nebenachsen des PHG eingesetzt /7/, wobei rotatorische Hauptachsen auch eine Orientierungsänderung bewirken können. Die Zahl der erforderlichen Ordnungsbewegungen des PHG ist abhängig von der Lage und Orientierung

der bewegten Achsen des PHG zu der Ist- und der Sollage des Werkstücks.
Zur Berechnung der Drehungen und Verschiebungen der einzelnen PHG Geräteachsen um eine bestimmte Position und Orientierung des gegriffenen Werkstücks zu erreichen, sei auf die Literatur /11,12,29/ hingewiesen.
Orientierungsbewegungen können mit nur zwei rotatorischen Nebenachsen durchgeführt werden, wenn diese von den Hauptachsen entkoppelt sind. Entkoppelt sind die Nebenachsen dann, wenn eine Bewegung der Hauptachsen keine Orientierungsänderung des gegriffenen Werkstückes hervorruft. Die Entkoppelung ist nötig, weil die Orientierungsbewegungen der zwei rotatorischen Nebenachsen gegenüber dem raumfesten Koordinatensystem festgelegt sind und somit keine zusätzlichen Drehungen zur Kompensation von Orientierungsänderungen durch die Drehung von Hauptachsen ausgeführt werden können.
Bei translatorischen Hauptachsen ist die Entkopplung von den Nebenachsen immer gegeben. Bei der Verwendung von rotatorischen Hauptachsen müssen die rotatorischen Nebenachsen von den rotatorischen Hauptachsen entkoppelt werden (Bild 43).

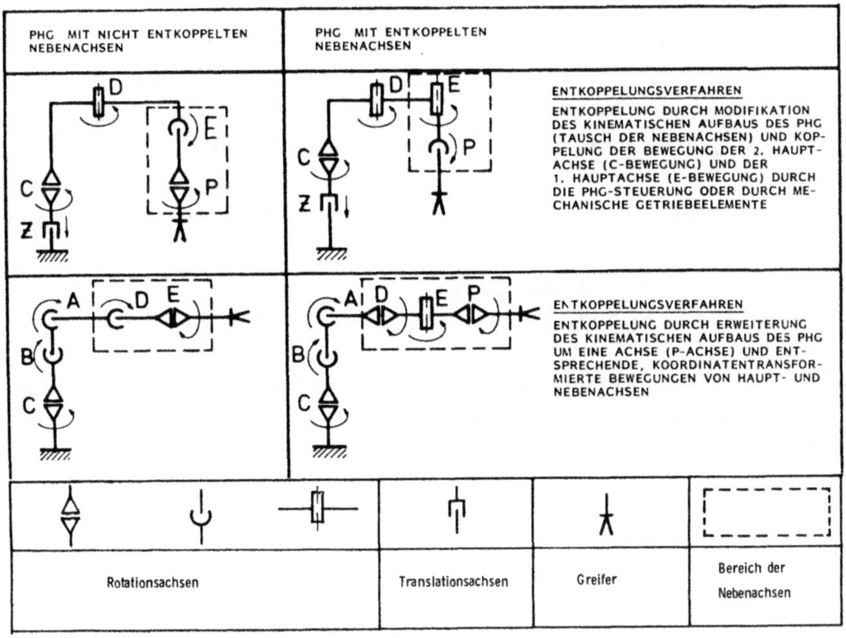

Bild 43: Entkoppelung von Nebenachsen bei zwei PHG-Kinematiken (Symbole nach VDI 2861 /7/)

Die Wirkung der Achsen-Anordnung des PHG zu den Orientierungsachsen wird an zwei Beispielen (A und B) erläutert:

Beispiel A:

Verschiebungen und Drehungen bezüglich der Achsen eines raumfesten Koordinatensystems

Es soll das werkstückfeste Koordinatensystem Xw,Yw,Zw in das raumfeste Koordinatensystem X,Y,Z überführt werden (siehe Bild 42). Um den Ordnungsvorgang auszuführen, werden in diesem Beispiel Verschiebungen und Drehungen um die Achsen des X,Y,Z Koordinatensystems durchgeführt. Das Koordinatensystem Xw,Yw,Zw wird zuerst um ΔX, dann um ΔY und dann um ΔZ parallel zu der X, der Y und der Z Achse verschoben (siehe Bild 42). Danach wird das Koordinatensystem Xw,Yw,Zw um die X-Achse gedreht, bis Zw in der Ebene X-Z liegt. Nun wird das Koordinatensystem Xw,Yw,Zw um die Y-Achse gedreht, bis Zw in Z' liegt. Zuletzt wird das Koordinatensystem um die Z-Achse gedreht, bis Xw in X' und Yw in Y' liegt.

Für die Überführung der Koordinatensysteme ineinander waren demnach sechs einzelne Bewegungen nötig. Der Einsatz von Handhabungssystemen zum Ordnen erfordert in dieser Vorgehensweise also den Einsatz von drei Hauptachsen (translatorisch oder rotatorisch oder kombiniert translatorisch-rotatorisch) zur Verschiebung und drei rotatorischen Nebenachsen zur Drehung des Werkstücks.

Dieser Aufwand läßt sich reduzieren wie das nächste Beispiel zeigt:

Beispiel B:

Verschiebungen und Drehungen bezüglich ausgewählter Achsen

Dazu soll das Koordinatensystem X1,Y1,Z1 in das Koordinatensystem X2,Y2,Z2 (siehe Bild 44) überführt werden.

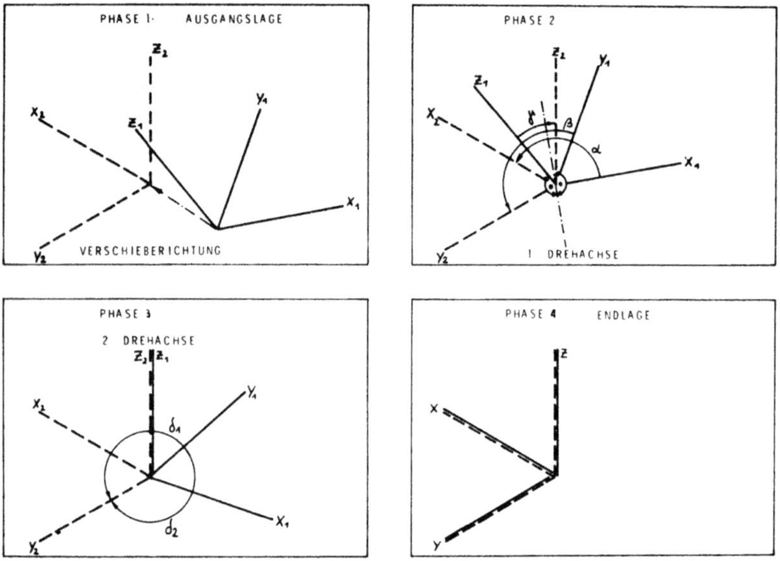

Bild 44: Ordnungsvorgang (Index 1 - Werkstückistlage, Index 2 - Werkstücksollage)

Bewegt man in der ersten Phase des Ordnungsvorganges den Ursprung des Koordinatensystems X1,Y1,Z1 in den des Koordinatensystems X2,Y2,Z2, so genügt dazu eine translatorische Bewegung (Bild 44 - Phase 1). Danach wird in der zweiten Phase dieses Beispieles die erste Drehung um den Winkel γ ausgeführt, da $\gamma < \alpha < \beta$ ist. Die erste Drehachse steht dabei sowohl senkrecht auf Z1 als auch auf Z2. Wird danach in der dritten Phase die zweite Drehung mit dem

Winkel δ_1 um die Z1,Z2-Achse ausgeführt (da $\delta_1 < \delta_2$), so liegt das Koordinatensystem X1,Y1,Z1 in X2,Y2,Z2.
Für diese Überführung sind also nur drei Bewegungen nötig. Ein PHG zur Durchführung dieser Bewegungen benötigte daher ebenfalls nur drei Bewegungsachsen (eine translatorische Achse und zwei rotatorische Achsen).
Dieses zweite Beispiel trifft das allgemein definierte Ordnen insofern nicht, als die zu ordnenden Werkstücke in der Istlage im Raum verteilt sind und sich somit keine gemeinsamen Translationsachsen für alle Werkstücke in die Sollage ergeben. Für die Translationen sind also wegen der räumlichen Werkstückverteilung PHG mit drei translatorischen Freiheitsgraden nötig.
Die Drehungen können allerdings, wie in Beispiel B gezeigt wurde, nur mit zwei statt drei Achsen, wie in Beispiel A, ausgeführt werden. Dies bedeutet eine wesentliche Verringerung des Geräteaufwandes, da gerade die Handachsen der Handhabungsgeräte einen nennenswerten Einfluß auf die Größe und die Zuverlässigkeit des Handhabungsgerätes und damit auf dessen Kosten ausüben.
Voraussetzung für den Einsatz von nur zwei Handachsen ist, daß das werkstückfeste Koordinatensystem so in das Werkstück gelegt wird, daß die Z2-Achse (Werkstück in Sollage) parallel zu einer der beiden aufeinander senkrecht stehenden Handachsen (Nebenachsen) des Handhabungssystems liegt. Da man in der Wahl der räumlichen Anordnung des werkstückfesten Koordinatensystems zum Werkstück prinzipiell frei ist und die räumliche Anordnung der Drehachsen (Handachsen) eines Handhabungssystems zueinander meist rechtwinklig ist, ist der Einsatz von zwei Handachsen zum Ordnen in vielen Fällen möglich.

Allgemein gilt:

Für das Ordnen von Werkstücken mit dem Ausgangs-Ordnungszustand OZ = 0/0 (völlig ungeordnet) und dem End-Ordnungszustand OZ = 3/3 (völlig geordnet) sind sechs voneinander unabhängige Bewegungen nötig. Wenn das zum Ordnen eingesetzte PHG allerdings drei translatorische Freiheitsgrade und zwei kinematisch entkoppelte, aufeinander senkrecht stehende Drehachsen (rotatorische Freiheitsgrade) hat, so sind nur fünf voneinander unabhängige Bewegungen zum Ordnen nötig.

7.2 Möglichkeiten zur Realisierung von Orientierungskinematiken

Im folgenden wird untersucht, welche räumlichen Anordnungen der rotatorischen Nebenachsen zur Orientierungsbewegung möglich sind.

7.2.1 Orientierung durch Drehachsen eines Handhabungsgerätes

Bei den Systemen, die z.B. von BIRK und anderen /11/, sowie von TAKEYASU und anderen /13/, beschrieben werden, sind PHG Achsen zum Orientieren der vom WES erkannten Werkstücke eingesetzt. Beim Orientierungsvorgang werden die Werkstücke, je nach ihrer Ausgangsanordnung, entweder in einem einzigen Bewegungablauf durch die PHG-Achsen in die Sollorientierung gedreht, oder die Werkstücke werden zunächst in einer Zwischenstellung abgelegt, wo das PHG die Orientierung seiner Drehachsen zum Werkstück ändert, um es erneut zu greifen und erst dann in der Sollorientierung abzulegen.

Der Grund für die Verwendung einer Zwischenablage sind die Abmessungen der Drehachsen des PHG im Vergleich zum Werkstück. Dadurch ist es dem PHG in dem beschränkten Arbeitsraum oft unmöglich, sowohl in der Istorientierung, als auch in der Sollorientierung kollisionsfreie Bewegungen mit dem gegriffenen Werkstück auszuführen.

Beim Einsatz einer Zwischenablage ist zu berücksichtigen, daß die Zykluszeit für den Ordnungsvorgang stark steigt. Das Steigen der Zykluszeit auf etwa das Doppelte durch die Zwischenablage ist in den Fällen, wo die Zykluszeit durch einen relativ langsamen Maschinentakt vorgegeben ist, u.U. noch durchaus zulässig. Bei der Montage allerdings, wo die Handhabungszeit Hauptzeit ist, erscheint eine Zwischenablage in jedem Fall unwirtschaftlich.

7.2.2 Kinematik der menschlichen Hand

Um das Problem der Verlängerung der Zykluszeit, bedingt durch die Zwischenablage, zu bewältigen, wurde versucht, den kinematischen Aufbau der menschlichen Hand in einem Greifer zu verwirklichen.
Der Mensch verwendet drei oder mehr Finger zur Orientierung eines gegriffenen Werkstückes in seiner Hand. Dabei werden die Finger wechselweise an das Werkstück gelegt, wobei mindestens zwei Finger

das Werkstück halten. Die Orientierung erfolgt entweder durch ein Drehen der Finger an der Fingerwurzel, wobei die Werkstückdrehachse nicht durch die Berührungsstelle zwischen Fingerkuppe und Werkstück geht oder durch ein oder mehrere Finger, die nicht für das Halten des Werkstücks benötigt werden. Diese Finger bewegen das Werkstück so, daß es sich um eine Achse, die durch die Berührungsstelle zwischen Fingerkuppe und Werkstück geht, dreht. Der Mensch verwendet also erheblich mehr Achsen für die Orientierung, als kinematisch unbedingt nötig sind.
Ein Greifer, der die Orientierungsbewegungen der menschlichen Hand nachvollzieht, wurde von OKADA /32/ entwickelt. Das Dreifingersystem ist, analog einer menschlichen Hand, aus Daumen, Zeige- und Mittelfinger aufgebaut. Die Finger bestehen aus Stahlrohren, die mit Gelenken verbunden sind. Die einzelnen Fingerglieder werden durch Drahtseile bewegt. Insgesamt haben die drei Finger 11 drehbare Fingerglieder. Der Greifer selbst ist mit drei rotatorischen Achsen positionierbar. Zur Kontrolle der Greifkräfte wird bei allen Achsen die Stromaufnahme des Antriebsmotors gemessen. Die Fingerstellung wird mit Potentiometern gemessen. Das Dreifingersystem ist in der Lage, Werkstücke zu greifen und im Greifer umzuorientieren. Die Umorientierung wird durch "Teach-In" programmiert, nachdem eine Analyse der entsprechenden Bewegungen der menschlichen Hand vorgenommen wurde. Die Greifersteuerung koordiniert dabei die Bewegung der Finger so, daß die Greifkraft auch beim Umgreifen eines Fingers ausreicht, um das Werkstück nur mit zwei Fingern zu halten.
für eine industrielle Anwendung erscheint dieses Prinzip aus Kostengründen und wegen seines komplexen Aufbaus nicht geeignet, obwohl es sehr flexibel ist.

7.2.3 Greifer mit integrierter Drehachse

Im folgenden wird eine Lösung für die Gestaltung von Umorientierungsgreifern vorgestellt, die die Nachteile der beiden vorgenannten Lösungsansätze nicht aufweist.
Wird eine der zwei mindestens benötigten Drehachsen in den Greifer gelegt und eine weitere, die senkrecht dazu steht, als Nebenachse im PHG angeordnet, so kann die Orientierungsbewegung ohne Umgreifen erfolgen /33/. Die Drehachse im Greifer geht dabei durch die Greiferangriffsfläche, wodurch eine ausreichende Zugänglichkeit beim

Fügen erreicht wird (siehe Bild 45).

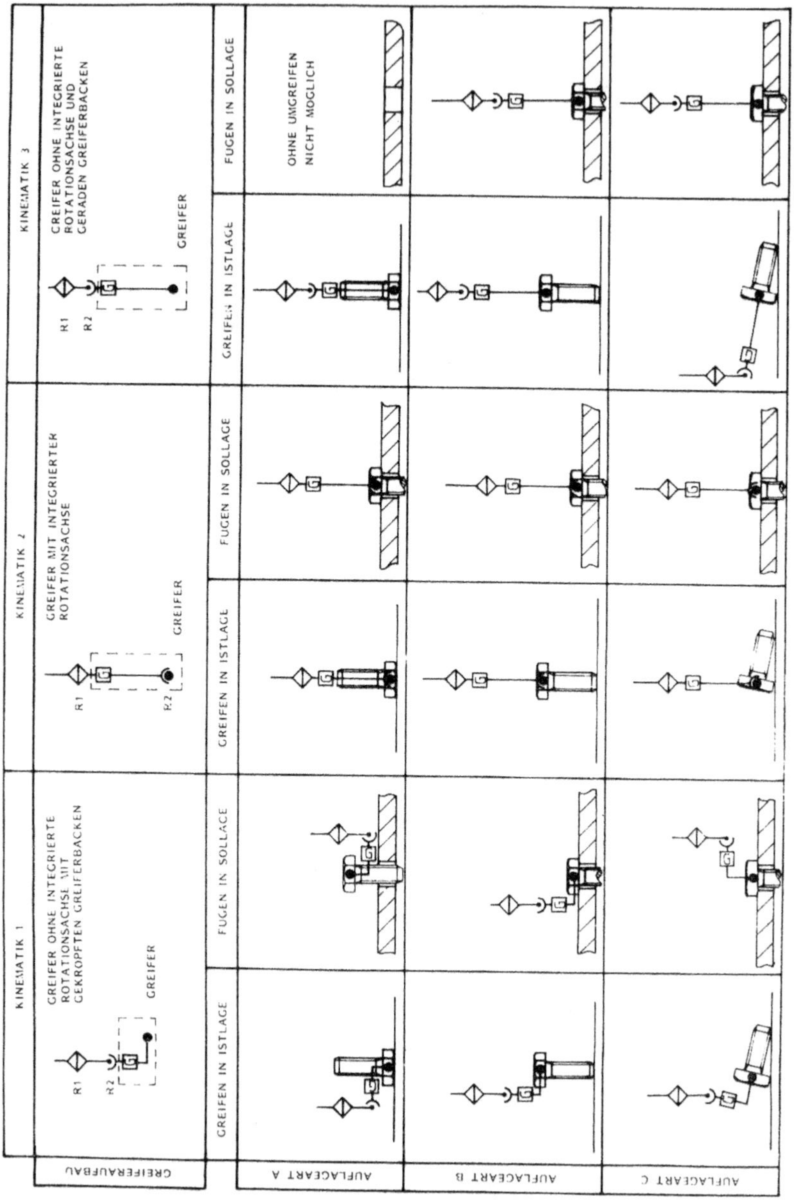

Bild 45: Ordnen einer Schraube mit Greifern bei unterschiedlicher Lage der Orientierungsachse

Wird die greiferintegrierte Orientierungsachse senkrecht zu den Greiferangriffsflächen so angeordnet, daß sie durch das Werkstück geht, so wird weniger Raum für die Orientierungsbewegung benötigt, als bei einer Lage der Orientierungsachsen außerhalb des Werkstücks. Durch den geringeren Raumbedarf werden die Handhabungswege und -zeiten meist kürzer und die Anforderungen an die Arbeitsraumgröße und -form der PHG werden ebenfalls geringer. Zum Eindrehen von Werkstücken beim Fügen (Schrauben) ist es außerdem günstig, daß eine Orientierungsachse mit der Eindrehachse zusammenfällt.

7.3 Flexible Greiferbacken

Es ist meist nicht möglich, zugängliche Greiferangriffsflächen mit einheitlicher Form an einem Werkstück in seinen verschiedenen Vorzugsorientierungen zu finden (siehe Bild 46).

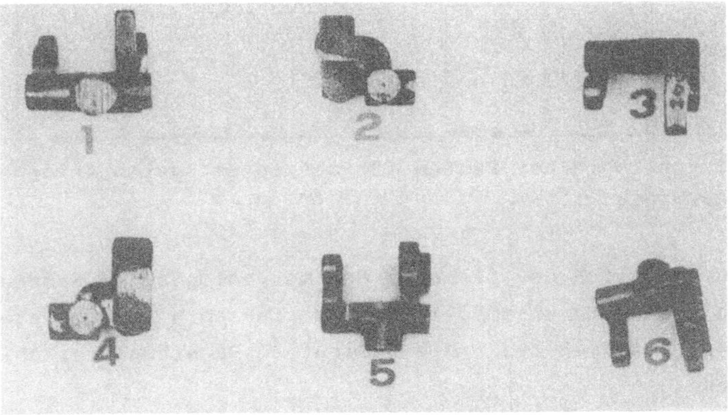

Bild 46: Sechs stabile Vorzugsorientierungen eines Werkstücks

Eine Lösung des Problems ist die Modifikation der Werkstückform. Eine andere ist die Zwischenablage des Werkstücks, um zwischen verschiedenen gleichen Angriffsflächen umzugreifen. Beide Lösungen haben erhebliche Nachteile. Daher wurde untersucht, welche Prinziplösungen es für das Problem der Formanpassung von Greiferbacken an unterschiedliche Werkstückformen gibt.

7.3.1 Abformgreiferbacken

Zur Ermittlung geeigneter konstruktiver Lösungen für die Gestaltung von Abformbacken wurde das Gesamtsystem "Abformgreiferbacke" in drei Funktionselemente gegliedert. Für die Funktionselemente Abformsystem, Formstabilisierungssystem und Rückformungssystem wurde ein morphologischer Kasten aufgestellt (Bild 47).

SYTEMELEMENT	AUFGABE	LOSUNG 1	LOSUNG 2	LOSUNG 3	LOSUNG 4	LOSUNG 5	LOSUNG 6	LOSUNG 7
ABFORMELEMENT	HERSTELLEN DES FORMSCHLUSSES ZWISCHEN WERKSTUCK UND GREIFERACHSE	HOMOGENE MASSE	KUGEL HAUFEN	RAUMLICH ANGEORDNETE DREH- ODER SCHUBGELENKE	PARALLEL ANGEORDNTE DREHGELENKE	PARALLEL ANGEORDNETE SCHUBGELENKE	DREHGELENK KETTEN	
FORM-STABILISIERUNGSSYSTEM	STABILISIERUNG DER FORM DES ABFORMSYSTEMS	KOHASION ZWISCHEN EINZEL ELEMENTEN	AGREGAT-ZUSTANDS-ANDERUNG (GASFORMIG FLUSSIG-FEST)	MECHANISCHES KLEMMEN VON EINZEL-ELEMENTEN	ELEKTRISCHES KLEMMEN VON EINZEL-ELEMENTEN	MAGNETISCHES KLEMMEN VON EINZEL. ELEMENTEN	PNEUMATISCHES KLEMMEN VON EINZEL ELEMENTEN	POSITIONIER REGELUNG VON EINZEL-ELEMENTEN
RUCKVER-FORMUNGS SYSTEM	VERFORMUNG DES ABFORM-SYSTEMS IN DIE AUSGANGSFORM	ABFORMUNG AN EINER MUSTER FORM	GREIFER-BACKEN HULLE	AKTIVES FORMSYSTEM	ANTRIEB DER EINZELELEMENTE	SCHWER KRAFT	ZENTRIFUGAL KRAFT	

Bild 47: Morphologischer Kasten für das Gesamtsystem Abformgreiferbacke

Durch die Kombination der Elemente des morphologischen Kastens wurden verschiedene Lösungsmöglichkeiten für ein Abformsystem entwickelt /34/. Bild 48 zeigt die gewichtete Bewertung verschiedener Abformsysteme.

SYSTEME				BEWERTUNGSKRITERIEN					SUMME DER PUNKTZAHLEN
SYSTEMBEZEICHNUNG	LÖSUNGSKOMBINATION								
ABFORM-SYSTEM	ABFORMELEMENT	FORM-STABILISIERUNGS-SYSTEM	RÜCK-VERFORMUNGS-SYSTEM	ABFORMGÜTE	VERHÄLTNIS ABFORMKRAFT ZU HALTEKRAFT	ABFORMZEIT	RÜCKFORM-ZEIT	HERSTELL-AUFWAND	
THERMISCHE ABFORMBACKE	HOMOGENE MASSE	AGREGAT-ZUSTANDS-ÄNDERUNG (GASFÖRMIG, FLÜSSIG, FEST)	GREIFER-BACKENHÜLLE	1	1	0,25	0,25	0,5	3
GRANULAT-ABFORMBACKE	KUGEL-HAUFEN	PNEUMATISCHES KLEMMEN VON EINZEL-ELEMENTEN	GREIFER-BACKENHÜLLE	0,75	0,5	1	1	1	4,25
MAGNETPULVER-ABFORMBACKE	KUGEL-HAUFEN	MAGNETISCHES KLEMMEN VON EINZEL-ELEMENTEN	SCHWERKRAFT	0,75	0,75	0,75	1	0,75	4
SOFTGRIPPER	RÄUMLICH ANGEORDNETE DREH- ODER SCHUBGELENKE	POSITIONIER-REGELUNG VON EINZEL-ELEMENTEN	ANTRIEB DER EINZEL-ELEMENTE	0,5	0,75	0,5	0,5	0,25	2,5
STIFT-ABFORMBACKE	RÄUMLICH ANGEORDNETE DREH- ODER SCHUBGELENKE	PNEUMATISCHES KLEMMEN VON EINZEL-ELEMENTEN	ANTRIEB DER EINZEL-ELEMENTE	0,5	1	0,75	0,75	0,25	3,25

ERFÜLLUNGSGRAD DER KRITERIEN:
1 - SEHR HOCH; 0,75 - HOCH; 0,5 - MITTEL;
0,25 - NIEDRIG; 0 - NICHT ERFÜLLT

Bild 48: Gestaltungsmöglichkeiten für flexible Greiferbacken /34,35/ und ihre Bewertung

Das ausgewählte Abformprinzip mit einer granulatgefüllten, evakuierbaren Hülle (Bild 49) läßt sich sowohl bei Ein- als auch bei Mehrflächengreifern einsetzen. Der Abformeffekt entsteht durch die Deformation der granulatgefüllten Greiferbacke beim Aufpressen der Backe auf die Werkstückoberfläche und die nachfolgende Evakuierung der Greiferbackenhülle. Durch den Druckunterschied zwischen Außenseite der Hülle (Luftdruck) und Innenseite (<Luftdruck) wird das Granulat zusammengedrückt und stabilisiert die Lage der Granulatkörper zueinander.

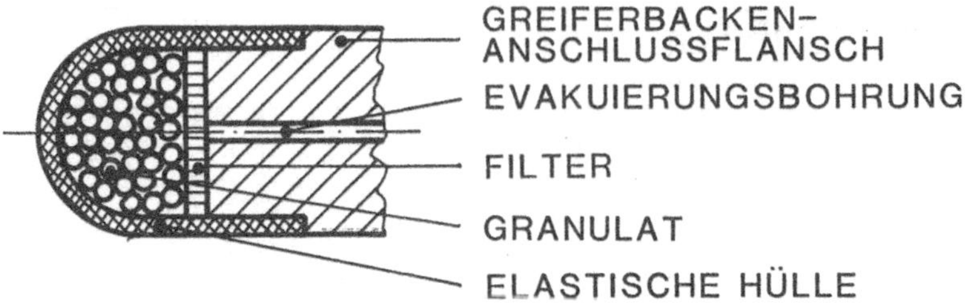

Bild 49a: Aufbau der Abformgreiferbacke

Bild 49b: Abformgreiferbacken (A-Startposition, B-Abformposition, C-Werkstück und geformte Greiferbacke, ◐-Werkstück, ●-Abformbacke)

Um eine optimale Kombination von Granulat und Granulathülle zu finden, wurde untersucht, welcher Zusammenhang zwischen Granulat und Granulathüllenmaterial besteht.
Die Ergebnisse der Versuche sind in Bild 50 und 51 dargestellt. Die Kriechflächenpressung (Pkw) ist dabei die Flächenpressung, die maximal erreicht wird, ohne daß eine Granulatverschiebung nach dem Evakuieren eintritt. Die Abformflächenpressung (Pamax) ist die Flächenpressung, die maximal zwischen Werkstück und Greiferbacken beim Abformvorgang eintritt. Die Relation Pkw/Pamax ist dabei ein Maß für die Güte des verwendeten Greiferbackenmaterials.

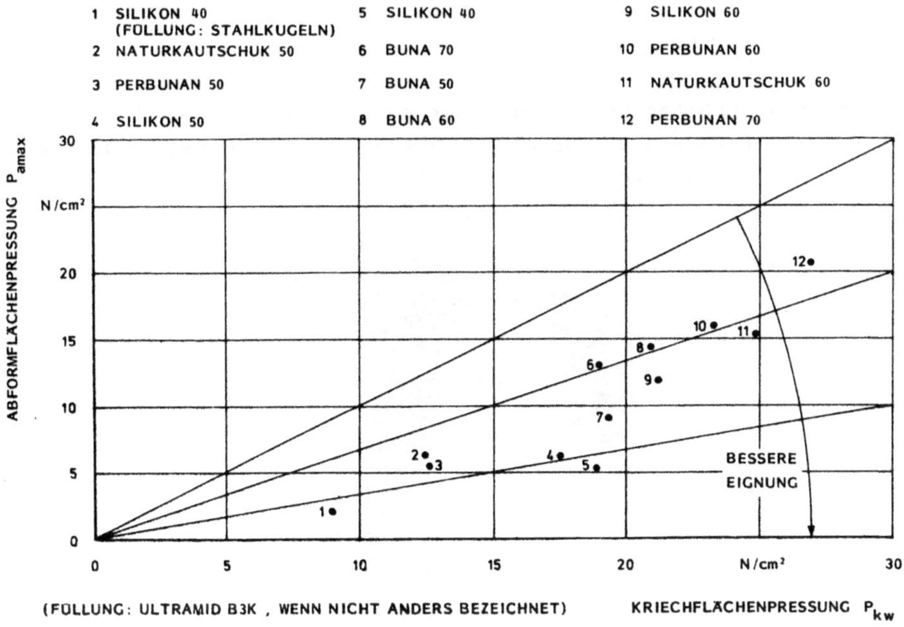

Bild 50: Eignung verschiedener Gummisorten für Abformgreiferbacken

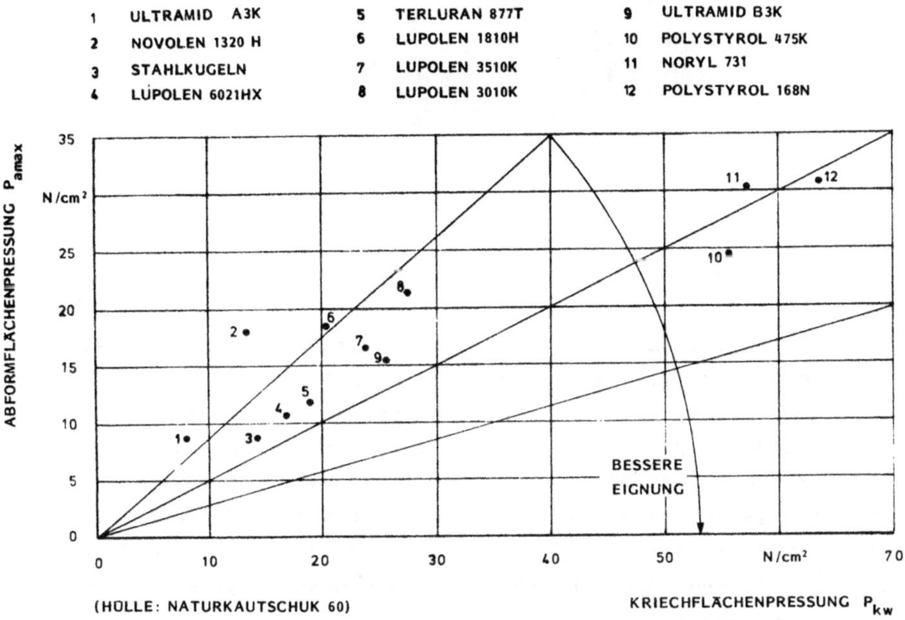

Bild 51: Eignung verschiedener Granulate für Abformgreiferbacken

7.3.2 Greifer mit Abformgreiferbacken und greiferintegrierter Drehachse

Einen ausgeführten Greifer mit Abformgreiferbacken zeigt Bild 52. Die Greiferbacken wurden mit Stahlkugeln als Abformelement und einer Hülle aus Silikon 40 ausgeführt.

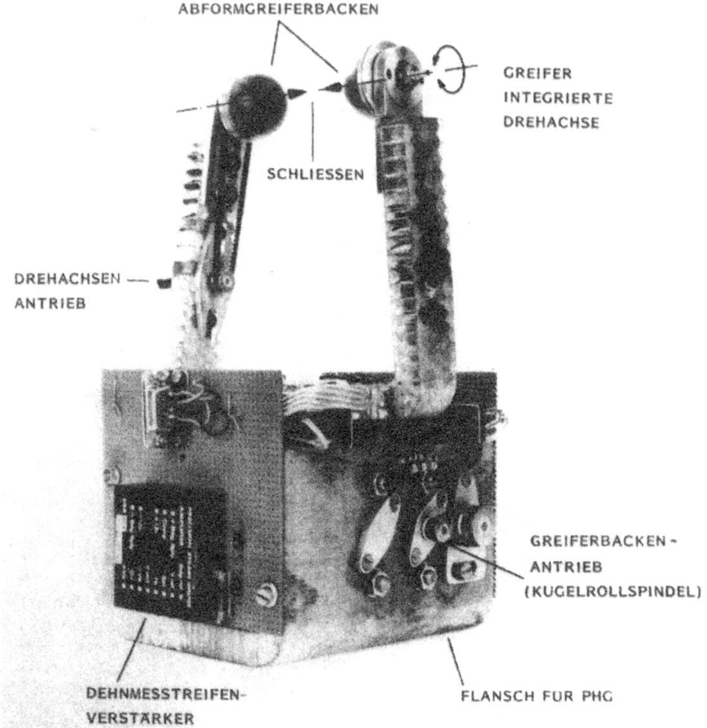

Bild 52: Prototyp des Greifers mit Abformbacken und greiferintegrierter Drehachse

Werkstücke ,die ungespannt auf dem Erkennungsfeld des Werkstückerkennungssensors liegen sollten sich beim Greifen nicht verschieben. Deswegen ist es nötig, die Greifkräfte der beiden Greiferbacken so zu regeln, daß die Resultierende der Greifkräfte unter der Reibkraft zwischen Werkstück und Unterlage liegt. Zur Steuerung des Abformvorganges wurde daher zu dem Greifer eine Mikroprozessorsteuerung entwickelt (Bild 53). Durch die Steuerung werden die Greifkräfte während des Schließvorganges gemessen und so geregelt, daß die Resultierende der Greifkräfte minimiert wird.

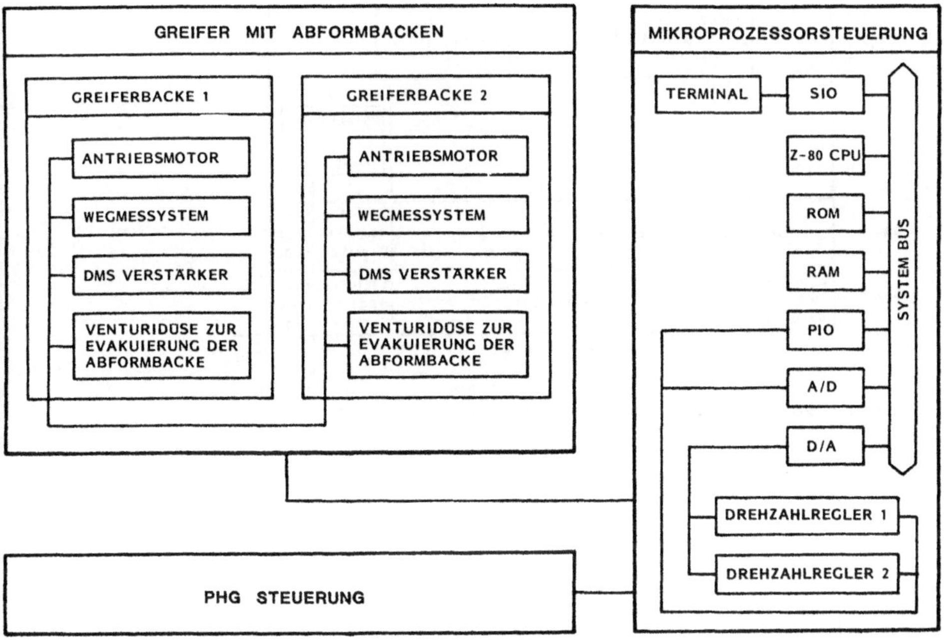

Bild 53: Steuerungsaufbau des Greifers

Die mit dem Greifer durchgeführten Abformversuche ergaben, daß sich Abformzeiten von unter 1 Sekunde erreichen lassen, was für viele Anwendungsfälle, auch in der Montage, ausreichend ist (siehe Bild 54).

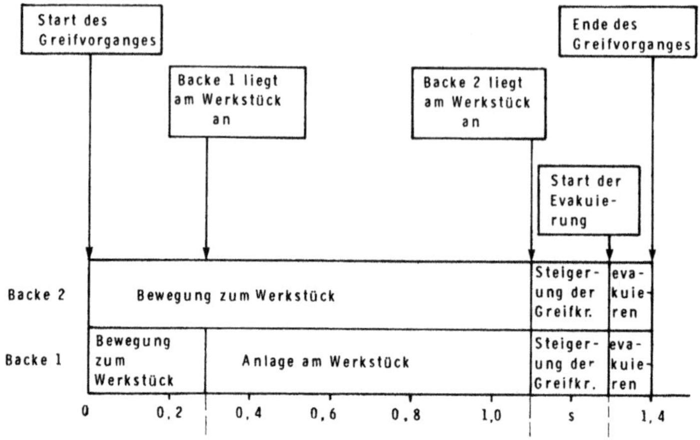

Funktionsablauf des Abformgreifers

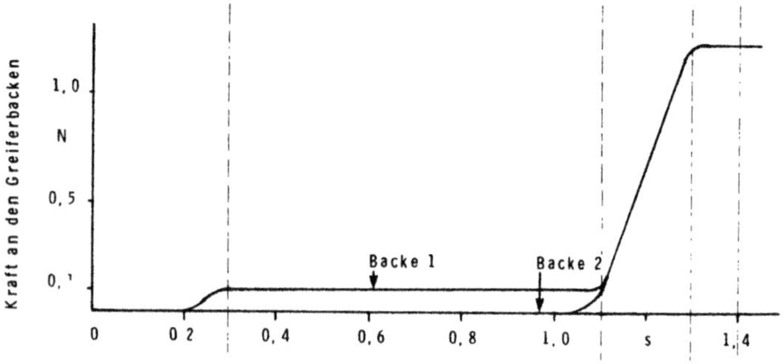

Greifkraftverlauf des Abformgreifers

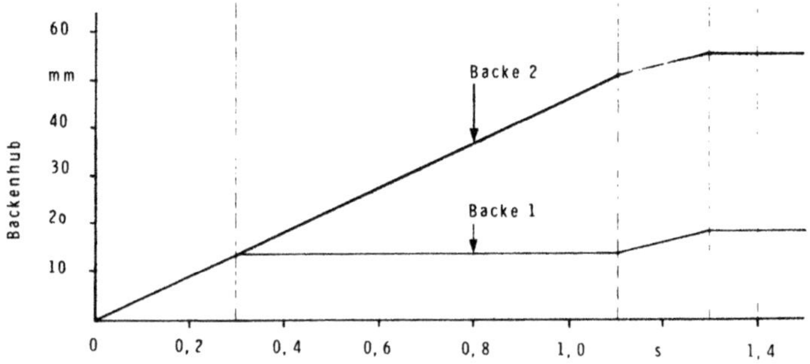

Backenhubverlauf des Abformgreifers

<u>Bild 54:</u> Ablauf des Greifvorganges

Die Möglichkeiten und die Grenzen des entwickelten Abformgreifers beim Einsatz in Ordungssystemen sind durch folgende Tatsachen gegeben:

- Die greiferintegrierten Orientierungsachsen beanspruchen, bedingt durch die Größe der Lagerung und insbesondere durch die Abformbacken, relativ viel Raum zwischen den separierten Werkstücken für einen kollisionsfreien Zugriff. Dieser Freiraum kann unter Umständen nicht immer durch die Separierungseinrichtungen geschaffen werden.
- Die Kosten für eine Greifkraftregelung beim Einsatz der Abformgreiferbacken sind relativ hoch.
- Der Greifer ist nur dann zum "Griff in die Kiste" geeignet, wenn die Werkstücke genügend Freiraum um die möglichen Greiferangriffsflächen bieten. Dies ist nur in wenigen Fällen gegeben. Beim Einsatz des Orientierungsgreifers ohne die platzaufwendigen Abformbacken besteht die Gefahr, daß sich die Werkstücke im Greifer beim Greifen oder beim Lösen der Werkstücke aus dem Haufwerk verschieben. Eine ausreichende Orientierungsgenauigkeit für das Ordnen ist in diesem Fall nicht mehr gegeben.

Aus den genannten Einschränkungen ist ersichtlich, daß die entwickelten Greiferprinzipien noch verbessert werden müssen, um aus ihnen einen Greifer für den "Griff in die Kiste" entwickeln zu können. Die Anwendung weiterer Sensoren zur Lage- und Orientierungsmessung der gegriffenen Werkstücke im Greifer erscheint ein wichtiger Lösungsansatz für die aufgeführten Probleme zu sein. Aufgrund der Auswertung der Sensorsignale sollte es möglich sein, die aus dem Haufwerk gegriffenen Werkstücke gezielt umorientieren zu können, selbst wenn sie ihre Lage beim Greif- oder Entwirrvorgang gegenüber dem Greifer verändern. Diese Vorgehensweise entspricht auch der menschlichen Vorgehensweise beim Ordnen von Werkstücken.

Ausgehend von einer industriellen Problemstellung wurden die entwickelten Teilsysteme und Methoden in einem Ordnungssystem mit PHG und WES erprobt.

8.1 Aufgabenstellung

Die gewählte Problemstellung ist dadurch charakterisiert, daß in einer bestehenden Fertigung erhebliche Kosten durch das manuelle Be- und Entladen von Magazinen mit Werkstücken entstehen. Die Tätigkeit des Be- und Entladens sollte automatisiert werden, einerseits aus Kostengründen und andererseits, um humanere Arbeitsplätze zu schaffen. Die manuelle Tätigkeit ist durch kurze Zykluszeiten (ca. 2 Sekundentakt), durch Akkordlohn und durch eine Zwangshaltung gekennzeichnet.

Das allgemeine Pflichtenheft für Ordnungssysteme mit PHG und WES (Bild 11) wurde für diesen Einsatzfall wie folgt präzisiert:

Werkstückspektrum:

Allgemeines: Kundenauftragsfertigung, daher kurzfristig erweiterbares Werkstückspektrum mit derzeit über 100 verschiedenen Werkstücktypen (Bild 55)

Bild 55: Werkstückspektrum

Werkstückform: Bei einer Formanalyse des derzeit bearbeiteten

Werkstückspektrums ergab sich ein hoher Anteil von Hohlteilen (größer 80% an der Gesamtstückzahl). Nachdem aufgrund der Kundenstruktur auch in weiterer Zukunft mit einem erheblichen Anteil an Hohlteilen zu rechnen ist, wurde eine Maßanalyse der Hohlteile vorgenommen. Es wurde ermittelt, daß über 90% aller Hohlteile innerhalb eines Durchmesserbereiches von 10 bis 50 mm und innerhalb eines Längenbereiches von ebenfalls 10 bis 50 mm zu suchen sind. für das Projekt wurde daher das Werkstückspektrum auf Hohlteile in dem oben genannten Maßspektrum festgelegt.

Anlieferungszustand: Schüttgut in Kartons

Werkstoff: Duro- und Thermoplaste

Beschädigungsempfindlichkeit: sehr oberflächenempfindliche Werkstücke

Greifkraft: Die zulässige Greifkraft liegt, je nach Werkstücktyp, im Bereich von 5 bis 100 N

Magazin:

Über 100 verschiedene Magazintypen, je Werkstücktyp ein Magazintyp (Bild 56)

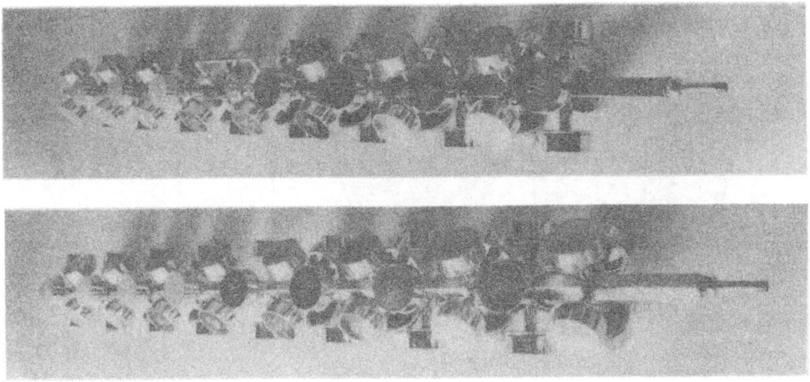

Bild 56: Magazintyp

Magazinform: Das zu bestückende Magazin besteht aus einer Zentralstange, die radial Werkstückaufnahmen trägt (siehe Bild 56). Die Werkstückaufnahmen sind also räumlich verteilt.

Fügekräfte: Die Fügekräfte liegen im Bereich von 1 bis 30 N.

Stückzahlen:

Loslaufzeit: ca. 1 Stunde (aus betrieblichen Gründen nicht zu verlängern)
Taktzeit: möglichst kurz für das Ordnungssystem mit PHG und WES, das manuelle Ordnen erfolgt, abhängig vom Werkstücktyp, mit 2 bis 3 Sekunden Zykluszeit. (beidhändiges Arbeiten, Verteilzeiten und Handhabung der Magazine berücksichtigt)

8.2 Layout

Um eine optimale Systemalternative für das zu entwickelnde Magaziniersystem zu verwenden, insbesondere um eine kurze Zykluszeit zu erreichen, wurde das in Kapitel 4 dargestellte System "Griff aufs Band" gewählt (Bild 57).

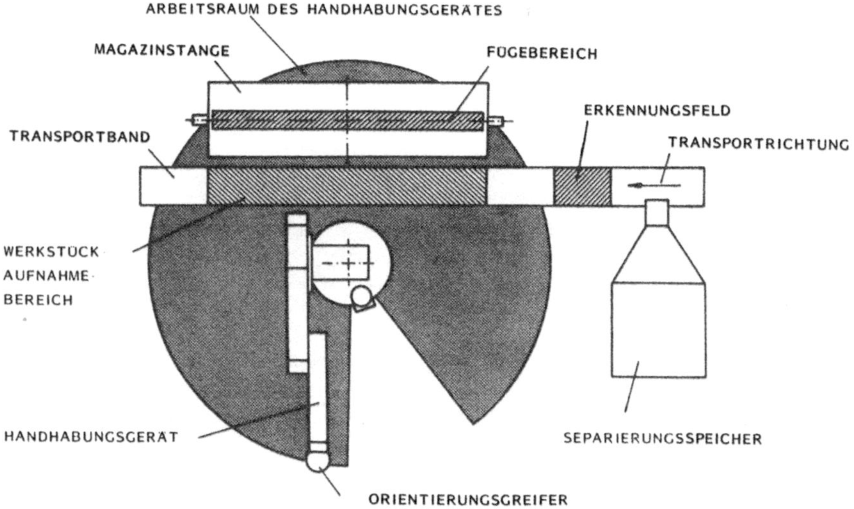

Bild 57: Layout "Griff aufs Band" mit Einordnung des Magazins in den Arbeitsraum des PHG

8.3 Systemaufbau

Der Gesamtaufbau der Anlage ist in Bild 58 gezeigt.

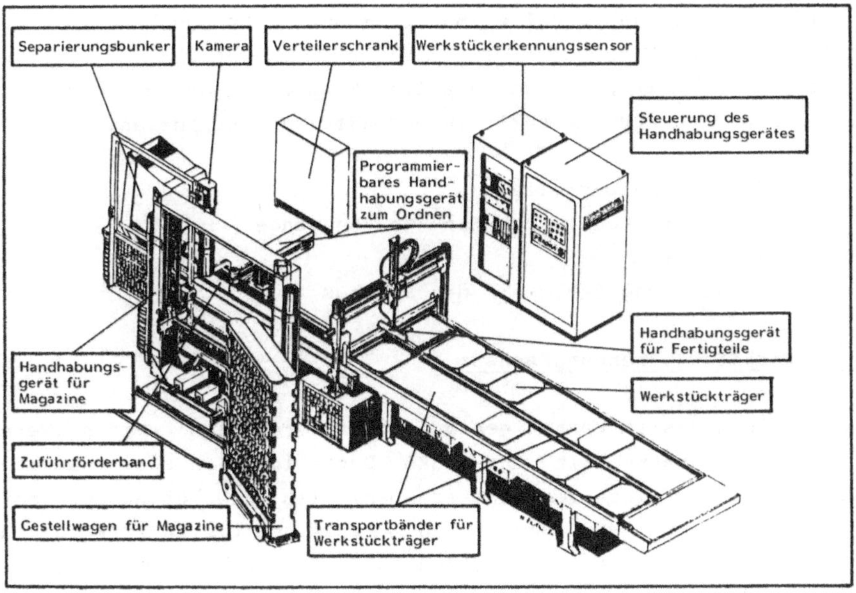

Bild 58: Gesamtaufbau des Magaziniersystems

Im folgenden werden die Komponenten des Ordnungssystems behandelt, die für das Ordnen wichtig sind. Die anderen Systemkomponenten werden außerdem noch für die Erfüllung der Gesamtfunktion "Magazinieren" benötigt.

8.3.1 Handhabungssystem

Zur Auswahl des Handhabungssystems wurden folgende Kriterien angewandt:

- Investitionskosten
- Tragfähigkeit > 50 N
- Positioniergenauigkeit < +- 1 mm
- Arbeitsraum (L > 1100 mm, B > 250 mm, H > 100 mm) ausreichend groß
- rotatorische Nebenachse senkrecht auf dem Zuführförderband
- Taktzeit < 3 Sekunden
- Zahl der steuerbaren Ein- und Ausgänge > 20
- Ansteuerungsmöglichkeit für die greiferintegrierten Achsen
- Sensorschnittstelle der Handhabungssystemsteuerung
- Erweiterungsfähigkeit des Systems

- Programmiermöglichkeiten zur Erstellung einer für den Bediener komfortablen Schnittstelle (Mensch-Maschine-Kommunikation)

Das nach diesen Kriterien ausgewählte Handhabungssystem der Fa. DEA, der PRAGMA A 3000, erfüllt insbesondere die Kriterien:

- Sensorschnittstelle
- Zahl der steuerbaren Ein- und Ausgänge
- Taktzeit
- Erweiterungsfähigkeit des Systems

8.3.2 Werkstückerkennungssensor

Zur Ermittlung des am besten geeigneten Sensorsystems wurden Versuche zur Erkennung mit Auf- und Durchlicht an zwei Systemen /20,16/ gemacht. Diese Versuche ergaben, daß die Erkennung der Werkstückauflageart und des Schwerpunktes bei vielen Werkstücken durch Auswertung eines Binärbildes mit den verfügbaren Erkennungsalgorithmen möglich ist. Allerdings zeigt es sich, daß die Beleuchtung im Auflicht für jede Werkstückform und -farbe modifiziert werden mußte, um eine sichere Erkennung zu gewährleisten. Die Erkennungsversuche mit Durchlichtbeleuchtung ergaben eine größere Erkennungssicherheit als bei Auflicht. Daher wurde für das Projekt die Durchlichtbeleuchtung gewählt.
Bei der Durchlichtbeleuchtung und der Auswertung der Silhouetten ist es jedoch nicht möglich, die Werkstückorientierung "Deckelseite oben" und "Deckelseite unten" zu unterscheiden. Zur Unterscheidung dieser Orientierungen wurde eine Reflexlichtschranke zur Bestimmung der Orientierung des gegriffenen Werkstücks im Greifer integriert (Bild 59).

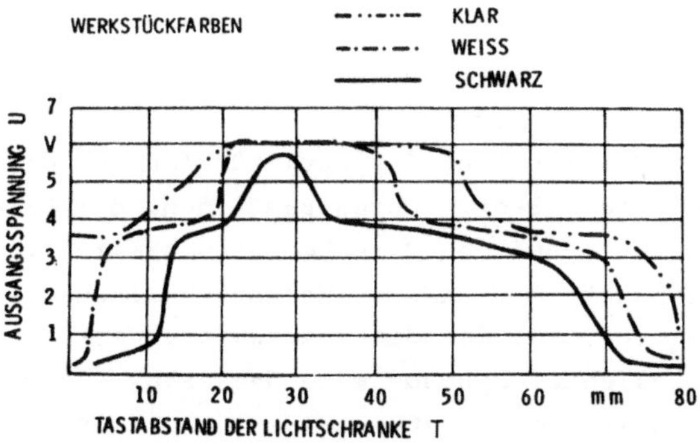

Bild 59: Signale der greiferintegrierten Reflexlichtschranke in Abhängigkeit von dem Tastabstand zur Deckeloberseite und von der Werkstückfarbe

Zur Zeit der Systementwicklung wurden auf dem deutschen Markt zwei WES (/16,20/) angeboten, die nach den folgenden Kriterien beurteilt wurden:

- Kosten
- Erkennungsgenauigkeit (< +- 1 mm)
- Erkennungszeit (< 1,5 Sekunden pro Werkstück)
- Erkennung aneinanderliegender Werkstücke
- Möglichkeiten der Zugänglichkeitsbestimmung
- Programmierbarkeit
- Schnittstellenunterstützung (Anschluß an die Steuerung des Handhabungsgerätes)

Bei beiden Systemen waren die Kosten, die Schnittstellenunterstützung und die Erkennungsgenauigkeit gleich. Unterschiede ergaben sich bei der Erkennungszeit, der Erkennung aneinanderliegender Werkstücke, den Möglichkeiten der Zugänglichkeitsbestimmung und der Programmierbarkeit. Nachdem bei beiden Systemen die Erkennungszeit innerhalb des zulässigen Bereiches lag, blieben drei Kriterien zur Festlegung der Auswahl übrig. Aufgrund der besseren Programmierbarkeit und der Möglichkeiten der Zugänglichkeitsbestimmung wurde das System OMS /20/ ausgewählt (obwohl es die Erkennung aneinanderliegender Werkstücke nicht gestattet). Das andere System SAM /16/ hätte in dem Versuchsaufbau ebenfalls eingesetzt werden können.

Zur Bestimmung der Zugänglichkeit (Kapitel 5) der Werkstücke werden Strecken im Bildspeicher des Werkstückerkennungssensors generiert, die den äußeren Rand des Greiferfreiraumes markieren. Diese Strecken werden nach der Ermittlung der Werkstücklage um die untersuchte Werkstücksilhouette gelegt. Durch Bestimmung der Bildpunktfarbe (Schwarz oder Weiß) auf den Strecken kann ermittelt werden, ob die Strecke Schnittpunkte mit anderen Werkstücksilhouetten hat. Liegen Schnittpunkte vor, so ist das untersuchte Werkstück nicht zugänglich. Die Zugänglichkeitsangabe wird dem PHG zusammen mit den übrigen Sensordaten (Silhouettentyp, Position und Orientierung) über die Schnittstelle WES - PHG übermittelt.
Bei den kreisförmigen Silhouetten wird geprüft, bei welchem Drehwinkel des Greifers das Werkstück zugänglich ist. Dazu werden die den Greiferfreiraum darstellenden Strecken um den Mittelpunkt der Silhouette im Bildspeicher des Sensors gedreht und Schnittpunkte dieser Strecken mit der Umgebung ermittelt. Im Falle der Zugänglichkeit wird der Drehwinkel, bei dem keine Schnittpunkte mit der Umgebung auftreten, an die PHG Steuerung übergeben.

8.3.3 Separierung

Mit der in Kapitel 6 beschriebenen Separierungseinrichtung wurden Versuche gemacht, die die prinzipielle Einsatzmöglichkeit des Systems für das vorgegebene Werkstückspektrum ergab.

8.3.4 Orientierungsgreifer

Für das Magaziniersystem wurde, entsprechend der in Kapitel 7 vorgestellten Prinzipien, ein Greifer entwickelt. Der Greifer hat eine integrierte Greiferbackendrehachse und positionierbare Greiferbacken, um den Greifer nur so weit öffnen zu müssen, wie es für das kollisionsfreie Anfahren des Werkstücks unbedingt nötig ist und um so den Greiferbackenfreiraum zu reduzieren.
Bei einem Vergleich der erforderlichen Fügekräfte mit den maximal zulässigen Greifkräften ergab sich, daß es nicht möglich war, mit einer einheitlichen Greifkraft zu arbeiten. Die Greifkraft muß so auf das Werkstück abgestimmt werden, daß es nicht unzulässig deformiert wird, aber die erforderlichen Fügekräfte durch die Reibkräfte an den Greiferbacken übertragen werden können.
Die daher erforderliche Programmierbarkeit der Greifkräfte wurde

durch eine Greifkraftmessung mit einer Abschaltsteuerung der Schließbewegung realisiert. Die Greifkraftmessung wird durch eine Vollbrückenschaltung mit Dehnmeßstreifen, die an einer Greiferbacke appliziert sind, durchgeführt.

Versuche ergaben, daß sich durch die Verwendung von elastischen Greiferbacken ein ausreichender Formschluß zwischen Greiferbacke und Werkstück erreichen läßt, ohne daß sich, wie bei unsymmetrischen Werkstücken, Zentrierfehler ergeben. Daher wurde vom Einsatz der Abformgreiferbacken abgesehen.

In den Greifer wurde eine Reflexlichtschranke integriert, die durch eine Entfernungsmessung die Lagen "Öffnung oben" und "Öffnung unten" unterscheidet. Den Aufbau des Greifers zeigt Bild 60.

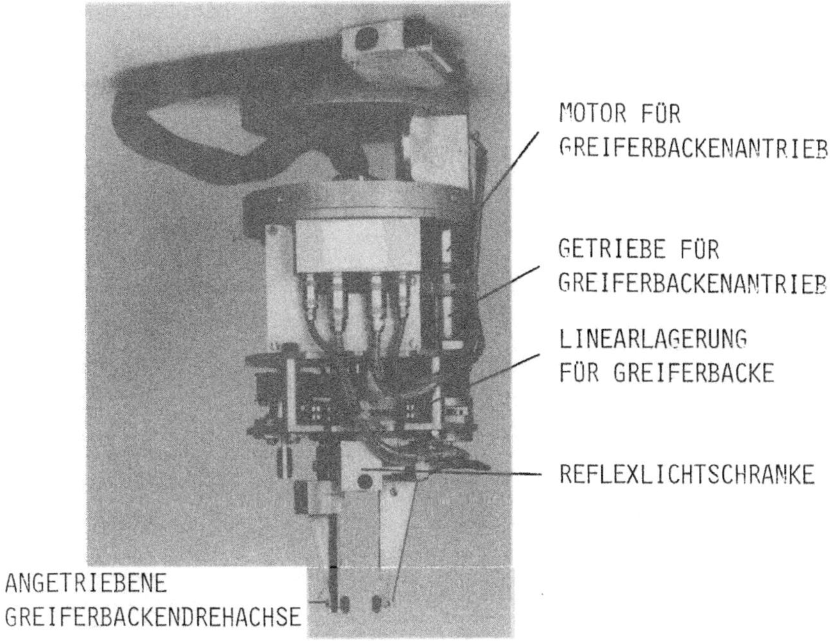

Bild 60: Orientierungsgreifer

8.3.5 Zuführförderband

Das Transportband, das die Werkstücke von der Separierungseinrichtung zu dem Erkennungsfeld und danach zu den zu handhabenden Werkstücken transportiert, erfüllt folgende Anforderungen:

- transparenter Förderbandgurt (wegen der Erkennung im Durchlicht)
- Verhinderung von Lageänderungen der erkannten Werkstücke beim Transport vom Erkennungsfeld zur Greifposition durch eine adhäsive Beschichtung des Förderbandgurtes
- Messung des Transportweges zur Ermittlung der aktuellen Werkstückposition beim Transport der Werkstücke aus dem Erkennungsfeld des Werkstückerkennungssensors durch ein Wegmeßsystem und eine Positioniersteuerung.

8.3.6 Steuerungsaufbau-

Der Steuerungsaufbau ist in Bild 61 dargestellt.

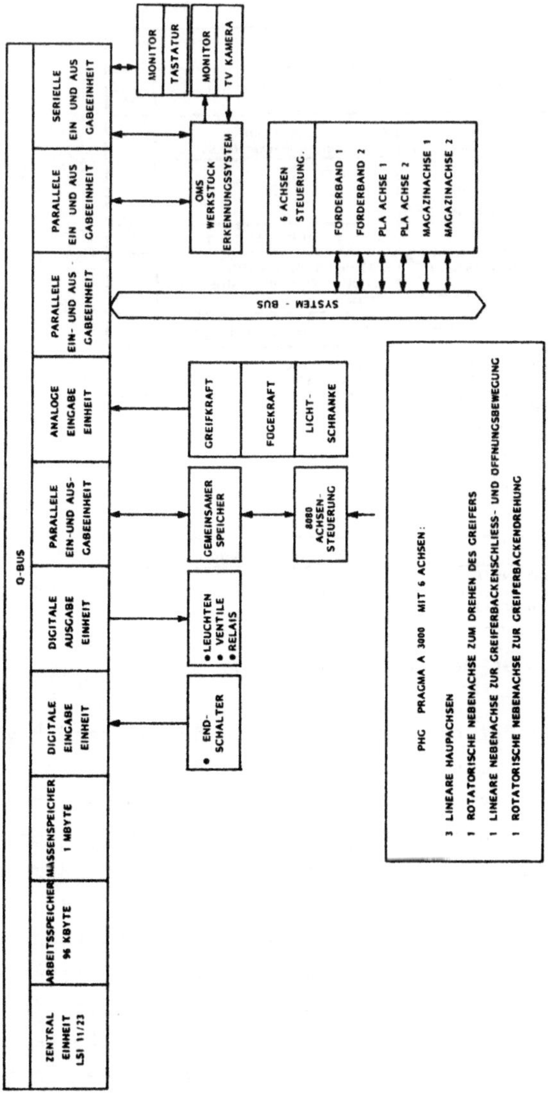

Bild 61: Steuerungsaufbau des Magaziniersystems

Die Programmierung des Systems erfolgt in der Sprache HELP /36/.

8.4 Erfahrungen mit dem Ordnungssystem

Der zeitliche Ablauf des Umrüstvorganges beim Werkstücktypwechsel ist in Bild 62 gezeigt.

MASCHINENUMRÜSTUNG			
ZEIT (S)	AUTOMATISCHER ABLAUF	MANUELLE TÄTIGKEITEN	ZEIT (S)
		Aufruf des Werkstückspezifischen Parametersatzes	10
15	Laden der werkstückspezifischen Parameter vom Massenspeicher des PHG in den Arbeitsspeicher des PHG		
		Start der Initialisierung	5
8	Videoschwellenbestimmung des WES	Entladen/Beladen des Gestellwagens mit Halterungsstangen	200
9	Kalibrierung des WES	Einfahren des Gestellwagens	20
10	Programmierung der Werkstücksilhouetten im WES	Entleeren/Füllen des Separiersystems	120
35	Anfahren der Anfangsstellung von PHG, Magazinstange aus dem Gestellwagen holen und positionieren		
41	Separieren von Werkstücken, bis das ZFB beladen ist mit erkannten Werkstücken		
		Start des Automatiklaufes	5
MASCHINENUMRÜSTUNG BEENDET Gesamtzeit des automatischen Umrüstens 200 Sekunden Gesamtzeit des manuellen Umrüstens 370 Sekunden			

Bild 62: Ablauf der Maschinenumrüstung

Der Umrüstaufwand für den Übergang von einem Werkstücktyp auf den nächsten betrifft das Entfernen der Werkstücke und Magazine vom vorhergehenden Werkstücktyp, das Eingeben der neuen Werkstücke und Magazine und den Aufruf einer dem neuen Werkstück entsprechenden Programmnummer. Eine Umstellung von mechanischen Komponenten ist nicht nötig. Danach kann das System gestartet werden.

Die für ein bisher noch nicht geordnetes Teil innerhalb des festgelegten Werkstückspektrums nötige Bestimmung der werkstückspezifischen Parameter erfolgt durch Eingabe der Parameter in die Steuerung bei einer Initialisierungsphase. Der Zeitaufwand dafür beträgt etwa eine Stunde. Die Parameter werden auf dem Massenspeicher des Systems abgelegt und stehen dann für den Betrieb des Ordnungssystems zur Verfügung.

Der Umrüstvorgang ist in etwa 6 Minuten beendet, wobei die Dauer der manuellen Tätigkeiten (Materialbereitstellung) die der automatisch ablaufenden Vorgänge übersteigt.

Zur Bestimmung der Abhängigkeiten der Orientierungszeit von den Orientierungswinkeln der ungeordnet auf dem Band liegenden Werkstücke wurden die Verfahrzeiten der zwei verwendeten rotatorischen Achsen und die Verfahrzeit in den Hauptachsen gemessen (Bild 63).

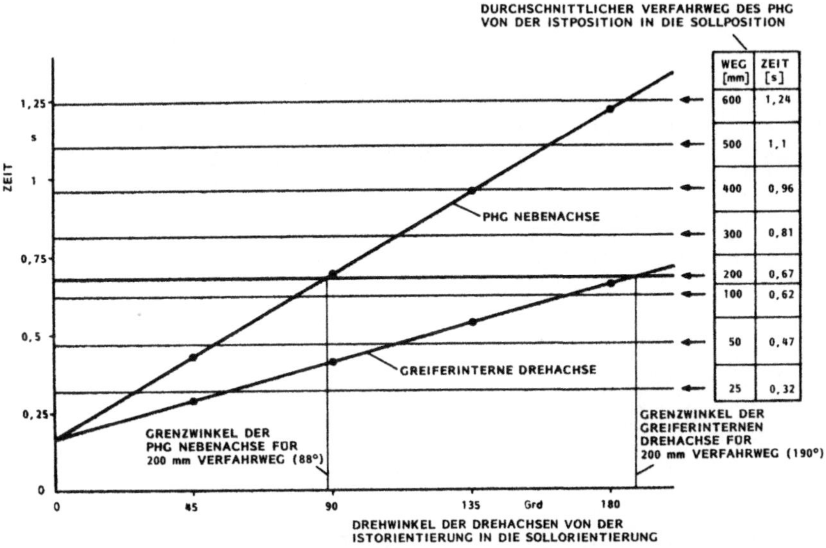

Bild 63: Verfahrzeiten von zwei rotatorischen Achsen und einer linearen Hauptachse bei dem Handhabungssystem PRAGMA A 3000 in Abhängigkeit von den Orientierungsdrehwinkeln und dem Verfahrweg

Es ergibt sich, daß bei einem Verfahrweg von 200 mm, wie er in dem Versuchsaufbau typisch ist, die Zykluszeit dann durch die Orientierungsbewegungen verlängert wird, wenn diese über 90 Grad für die PHG Nebenachse bzw. 180 Grad für die greiferinterne Drehachse liegt.

Orientierungsbewegungen der greiferinternen Drehachse sind nötig, wenn die zu ordnenden Hohlteile nicht mit der Deckelseite nach oben auf dem Transportband liegen. Orientierungsbewegungen der PHG Nebenachse sind nötig, wenn die Werkstücke mit der Mantelseite auf dem Transportband aufliegen.

Die gemessene Zykluszeit beim Ordnen ist abhängig von der Verteilung der Ausgangsorientierungen der Werkstücke (entsprechend der Ordnungswahrscheinlichkeit /3/) im Vergleich zur Sollorientierung des zu ordnenden Werkstücktyps. Diese Verteilung hängt von der Masseverteilung und der Geometrie der Werkstücke ab. Bei einem Werkstück mit dem Durchmesser von 20,5 mm und der Länge von 35 mm ergeben sich z.B. die in Bild 64 gezeigten Zykluszeiten.

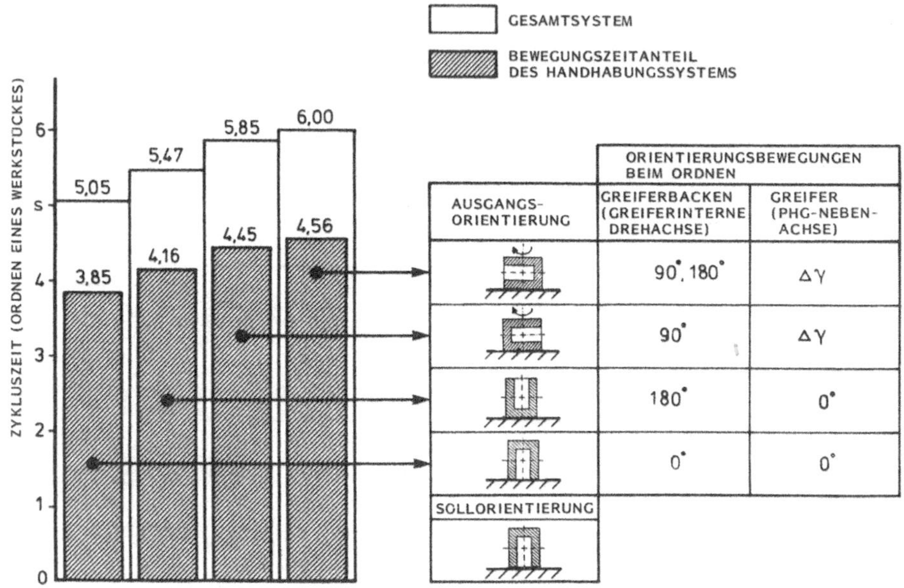

Bild 64: Zykluszeiten beim Ordnen in Abhängigkeit von dem Unterschied zwischen Ausgangsorientierung und Sollorientierung

Das Werkstück liegt in 87% aller Fälle auf der Mantelfläche. Die Zykluszeit des PHG ist in allen Fällen mit 3,85 bis 4,56 Sekunden länger, als sich durch die Addition der Verfahrzeit von ca. 1,3 Sekunden (nach Bild 63) und der Greifzeit von ca. 0,8 Sekunden ergibt.
Die Ursachen für die Verlängerung um über 1,7 Sekunden sind:

- zum Lösen der Werkstücke von dem adhäsiven Transportband muß eine zusätzliche Drehbewegung beim Abheben der Werkstücke vom Band ausgeführt werden.

- zum Ausgleich des Getriebespiels der greiferinternen Drehachse müssen die Orientierungen immer aus derselben Drehrichtung angefahren werden, was pro Orientierungsvorgang eine Verlängerung von 0,25 Sekunden bedeutet.

Es konnte festgestellt werden, daß, entsprechend dem gewählten Systemaufbau, ein paralleler Ablauf der zeitkritischen Abläufe Handhaben, Werkstückerkennen und Separieren möglich ist (Bild 65).

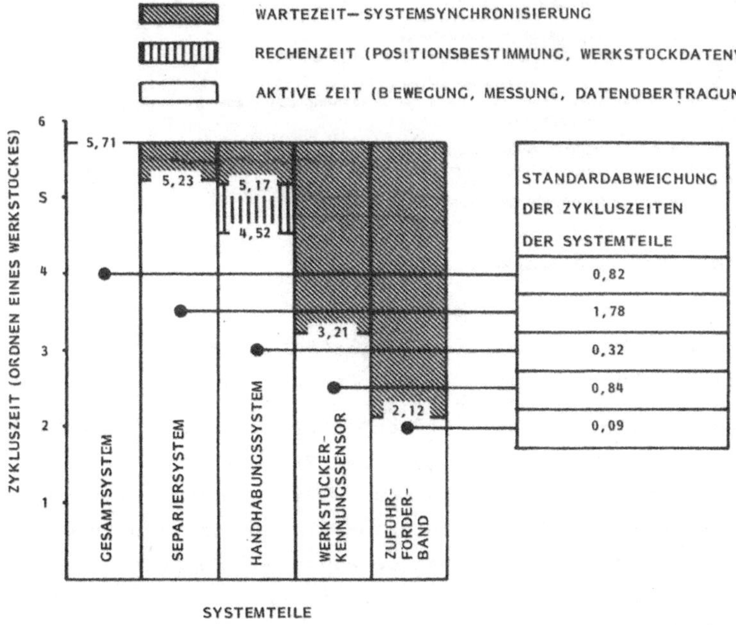

Bild 65: Mittlere Gesamtzykluszeit, mittlere Einzelzykluszeit und Standardabweichungen verschiedener Systemteile beim Ordnen (Werkstückdurchmesser 20 mm, Werkstücklänge 35 mm, mittlerer Handhabungsweg 200 mm)

Die Systemzykluszeit (Bild 65) weist mit einer Standardabweichung von 0,82 im Vergleich zu den Zykluszeiten des Separiersystems (Standardabweichung 1,78) und des Werkstückerkennungssystems (Standardabweichung 0,84) geringere Schwankungen auf. Dieser Effekt wird durch die Pufferwirkung des Transportbandes erreicht. Die Auslastung des PHG bezüglich der Gesamtzykluszeit beträgt 90,5 %. Eine Verringerung der Zykluszeit ist durch eine Verbesserung des Separierergebnisses und eine Verringerung der Zykluszeit des PHG zu erreichen. Die Verbesserung des Separierergebnisses ergäbe geringere Wartezeiten des PHG. Die Zykluszeit des PHG kann hauptsächlich durch die Verringerung der Makrobewegungen (zum Getriebespielausgleich und zum Abheben vom Transportband) und durch eine Verkürzung der Positionierzeiten der Translationsbewegungen und der Rotationsbewegungen erreicht werden.

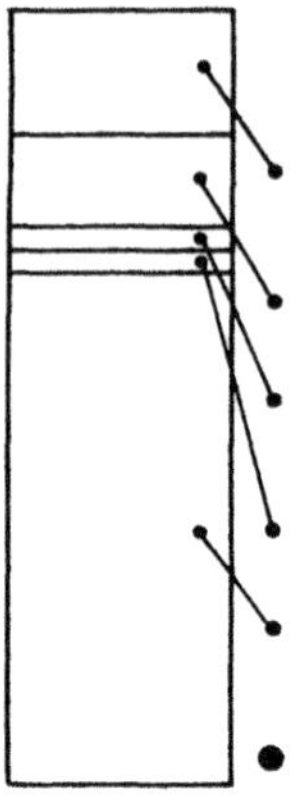

Bild 66: Ausbringungsverteilung beim Ordnen
(Werkstückform: Zylinder, Werkstücklänge: 32 mm, Werkstückdurchmesser: 22 mm, Gewicht: 17g)

Die Ausbringungsverteilung beim Ordnen ist in Bild 66 dargestellt. Der weitaus größte Fehleranteil geht mit 28% auf die Separierung zurück (16% zusammenliegende Werkstücke, 12% zu dicht beieinanderliegende Werkstücke). Diese Fehleranteile lassen sich durch bessere Koordinierung von Transportbandbewegung und Separierung, durch eine schnellere Reaktionszeit des Separiersystems auf separierte, fallende Werkstücke und durch eine genauere Positioniersteuerung der Klappe verringern.

Die Versuche ergeben zusammengefasst:

- Das gewählte System ist zum flexiblen Ordnen geeignet
- Die Umrüstzeit des Systems ist mit ca. 3 Minuten (ohne Kalibrierung des Werkstückerkennungssystems nur 2 Minuten) wesentlich kürzer als die notwendigen manuellen Tätigkeiten zur Materialbereitstellung (ca. 6 Minuten)
- Die Zykluszeit des Ordnens (5 bis 6 Sekunden) ist, gemessen an der Zykluszeit für das manuelle Ordnen (ca. 2 Sekunden für einarmiges Arbeiten), noch relativ lang, gemessen an den bis-

herigen Ordnungssystemen mit PHG und WES jedoch relativ kurz, zumal die Zykluszeit unter Umständen noch bis auf ca. 3 Sekunde verringert werden kann durch eine Optimierung des Systems. Die Optimierung betrifft insbesondere die Verringerung der Zeit für die Ausführung der Makrobewegungen beim Greifen, Orientieren und Fügen des Werkstücks durch das PHG im Zusammenwirken mit taktilen und entfernungsmessenden Sensoren.
- Die Flexibilität des Systems konnte beim Einsatz mit verschiedenen Werkstücken gezeigt werden.

Folgende Problemstellen sind bei dem Aufbau des Systems ermittelt worden:

- Separierung:
  Die Fehlerquote der Separierung ist mit 28% relativ groß. Sie sollte durch die Verwendung einer getrennten Separiersteuerung (bisher wurde die Separierung von der PHG Steuerung betrieben) wesentlich verringert werden können.
- Bedienerschnittstelle:
  Im Gegensatz zum ursprünglichen Konzept konnten nur wenige Systemmeldungen als Klartext an den Bediener ausgegeben werden. Dies ist auf das Betriebssystem der PHG Steuerung zurückzuführen, das nur einen begrenzten Arbeitsspeicher unterstützt. Die selteneren Systemmeldungen mußten daher als Meldungsnummer ausgegeben werden, um Speicherplatz zu sparen. Mit einer Erweiterung des Betriebssystems zur Unterstützung eines größeren Arbeitsspeichers ist dieses Problem lösbar.
- Programmieraufwand:
  Der Aufwand für die Programmierung des Systems war mit über 2 Mannjahren relativ hoch. Der Hauptanteil bei der Programmierung betraf die Erstellung von Hilfsprogrammen zum Testen von Hard- und Softwarekomponenten, die bisher noch nicht vorhanden waren oder noch nicht ausreichend dokumentiert waren. Unter Zuhilfenahme der bei der Programmierung des Systems gemachten Erfahrungen ist zu erwarten, daß ähnliche Systeme in 3 bis 6 Monaten programmiert werden können.

9 Zusammenfassung und Ausblick

Ziel der vorliegenden Arbeit war es, Ordnungssysteme mit programmierbaren Handhabungsgeräten und Werkstückerkennungssensoren weiterzuentwickeln, um sie dem industriellen Einsatz näher zu bringen. Aus einer Analyse des Standes der Technik bei programmierbaren Handhabungsgeräten, Werkstückerkennungssensoren und bisher vorgestellten Ordnungssystemen mit programmierbaren Handhabungsgeräten und Werkstückerkennungssensoren wurden Problemschwerpunkte ermittelt, die dazu führen, daß diese Ordnungssysteme bisher nicht in der industriellen Fertigung eingesetzt werden.

Als Problemschwerpunkte erwiesen sich

- o mangelnde Kenntnisse über geeignete Gesamtsystemstrukturen,
- o fehlende Möglichkeiten zur Zugänglichkeitsbestimmung,
- o das Fehlen von flexiblen Separiereinrichtungen und
- o das Fehlen von flexiblen Orientierungseinrichtungen für Werkstücke.

Zur Lösung der Probleme wurde zunächst untersucht, welche Layoutalternativen es für Ordnungssysteme mit programmierbaren Handhabungsgeräten und Werkstückerkennungssensoren gibt. Dabei ergab sich, daß eine Entkopplung der Funktionsbereiche Handhabung, Werkstückerkennung und Separierung durch das System "Griff aufs Band" hinsichtlich der erreichbaren Zykluszeit optimal ist. Zur Bestimmung der Zugänglichkeit wurde die Methode der Zugänglichkeitsmatrix entwickelt, die es erlaubt, eine Reihenfolge für das kollisionsfreie Greifen von Werkstücken aus einer Gruppe zu ermitteln. Zur Aufstellung der Zugänglichkeitsmatrix wurden zwei verschiedene Methoden entwickelt. Die geometrische Methode verwendet die vom Werkstückerkennungssensor gelieferten Daten über die Werkstückposition und -orientierung, während die Bildspeichermethode mit einer Abbildung der Greiferbacken in den Bildspeicher arbeitet. Zur Lösung des Separierproblems wurde ein flexibler Separierungsspeicher entwickelt, der als programmierbares System für ein weites Werkstückspektrum einsetzbar ist.

Zur Orientierung von Werkstücken im Greifer wurde eine greiferintegrierte Drehachse vorgeschlagen, die es zusammen mit einer Drehachse des Handhabungsgerätes erlaubt, beliebig orientierte Werkstücke in eine andere beliebige Orientierung zu bringen.

Des weiteren wurde zum Problem der flexiblen Greiferbacken eine neue Lösung in Form einer Greiferabformbacke entwickelt, die sich innerhalb von einer Sekunde an wechselnde Werkstückformen anpassen kann.

Zur Anwendung der Arbeiten wurde ein Magaziniersystem erstellt, bei dem ungeordnete, in Kartons angelieferte Werkstücke, auf Magazine gefügt werden. Die Anforderungen an die Flexibilität des Systems sind hoch, weil die Loslaufzeit nur eine Stunde beträgt und das Werkstückspektrum aus über einhundert verschiedenen Werkstücktypen besteht. Die technische Lösung beinhaltet ein programmierbares Handhabungsgerät, den entwickelten Orientierungsgreifer, die programmierbare Separierungseinrichtung und einen Werkstückerkennungssensor.

Es konnte mit dem Magaziniersystem beispielhaft gezeigt werden, daß durch

- die Entwicklung der Einzelkomponenten Separierungsspeicher und Orientierungsgreifer,
- die Anwendung der Methoden zur Zugänglichkeitsbestimmung und
- die Wahl eines geeigneten Gesamtkonzepts

der Aufbau von Ordnungssystemen mit den heute verfügbaren Handhabungsgeräten und Werkstückerkennungssensoren möglich ist, die sowohl den Anforderungen an die Flexibilität als auch an die Zykluszeit besser gerecht werden als die bisherigen Systeme.

Vor dem breiten Einsatz dieser Ordnungssysteme zum "Griff in die Kiste" ist die Entwicklung leistungsfähigerer, leicht programmierbarer Werkstückerkennungssensoren nötig.

Generell ist es nötig, umfassende, aber trotzdem einfach handzuhabende Programmiersprachen für Handhabungsgeräte mit großem Funktionsumfang (zur Sensordatenverarbeitung) zu entwickeln, um den Programmieraufwand für die Steuerung der notwendigerweise komplexen Abläufe in den flexiblen Ordnungssystemen in wirtschaftlichen Grenzen zu halten.

Angesichts der weltweiten Anstrengungen zur Entwicklung verbesserter Programmiersprachen und Werkstückerkennungssensoren erscheint der breite Einsatz von Ordnungssystemen mit programmierbaren Handhabungsgeräten und Werkstückerkennungssensoren in wenigen Jahren wahrscheinlich.

/1/ Herrmann, G. Analyse von Handhabungsvorgängen im Hinblick auf deren Anforderungen an programmierbare Handhabungsgeräte in der Teilefertigung. Dr.-Ing.-Dissertation Universität Stuttgart, 1976.

/2/ Warnecke, H.J.; Weiss, K. Katalog Zubringeeinrichtungen. Buchreihe "Produktionstechnik heute". Mainz: Krausskopf, 1978.

/3/ Weiss, K. Entwicklung flexibler Ordnungssysteme für die Automatisierung der Werkstückhandhabung in der Klein- und Mittelserienfertigung. Dr.-Ing. Dissertation Universität Stuttgart, 1982.

/4/ Warnecke, H.J. Development Trends in Automation; Benefits to Small- and Medium-Sized Manufacturing Enterprises. Annals of the CIRP, Vol. 29/2/1980, S. 455 - 467.

/5/ VDI 2411 Begriffe und Erläuterungen im Förderwesen, 1970.

/6/ VDI 2860 Handhabungsfunktionen, Handhabungseinrichtungen, Begriffe, Definitionen, Symbole. Entwurf, 1982.

/7/ VDI 2861 Kenngrößen für Handhabungsgeräte - Achsbezeichnungen.

/8/ Schraft, R.-D. Systematisches Auswählen und Konzipieren von programmierbaren Handhabungsgeräten. Dr.-Ing.-Dissertation Universität Stuttgart, 1976.

/9/ DIN 8593 — Fertigungsverfahren Fügen, 1967.

/10/ Warnecke, H.J.; Schraft, R.-D. — Industrieroboter. Buchreihe "Produktionstechnik heute". Mainz: Krausskopf, 1979.

/11/ Birk, J.; und andere — General Methods to Enable Robots with Vision to Acquire, Orient and Transport Workpieces. Sixth Report, University of Rhode Island, August 1980.

/12/ Birk, J.; und andere — General Methods to Enable Robots with Vision to Acquire, Orient and Transport Workpieces. Seventh report, University of Rhode Island, December 1981.

/13/ Takeyasu, K.; und andere — An Approach to the Integrated Intelligent Robot with Multiple Sensory Feedback: Construction and Control Functions. Proceedings, 7th ISIR, Tokyo, 1977.

/14/ Schweizer, M. — Taktile Sensoren für programmierbare Handhabungsgeräte. Dr.-Ing.-Dissertation Universität Stuttgart, 1978.

/15/ Graf, B.; Knappmann, R.; Schmidt, I.; Weiss, K. — Automatischer, flexibler Bohrarbeitsplatz für Kleinserien. Technische Rundschau Nr.8 und Nr.10, 1979.

/16/ Bitter, K.H. — Einsatzmöglichkeiten und Einsatzplanung von Optoelektronischen Sensoren mit Bildverarbeitung. GEWIPLAN Seminar und Workshop: Sensoren in der Fertigungstechnik. Frankfurt, 1981.

/17/ Jung, A. Objekterkennung und automatisches Spannen empfindlicher Werkstücke. tz für Metallbearbeitung 75 (1981) Nr.3.

/18/ o.V. Flexibles Erkennen und Ordnen von Schüttgutteilen. Firmenschrift der IBP-Pietzsch GmbH, Ettlingen, 1981.

/19/ Ahrens, U.; Friedrich, W. Deliev, S. Sensoreinsatz beim Be- und Entladen von Paletten mit Industrierobotern. 2nd RoViSeC, Stuttgart, 2.-4. November, 1982, S.105 - 116.

/20/ o.V. OMS-Funktionsbeschreibung für Anwender. BBC AG, Heidelberg, 1982.

/21/ Foith, J.P., Intelligente Bildsensoren zum Sichten, Handhaben, Steuern und Regeln. Berlin: Springer Verlag, 1982.

/22/ o.V. RAIL Software Reference Manual, Robovision and Cybervision. Automatix Inc., Billerica, Mass., USA, August 1982.

/23/ o.V. Univision-Interface-Documentation, Version 13. Unimation Inc.,Danburry, Conn., USA, May 1981.

/24/ Tropf, H. Analysis-By-Synthesis Search to Interpret Degraded Image Data.Proceedings, 1st RoViSeC, 1981, S. 25 - 33.

/25/ o.V. MTM-Normzeitwertkarte. Deutsche MTM-Vereinigung e.V., Hamburg, 1965.

/26/ Frank, H.E. Handhabungseinrichtungen. Krausskopfverlag, 1975.

/27/ Huetter, O. Systematische Untersuchungen zum Werkstück- und Geräteverhalten beim Zubringeprozeß von Wirrteilen. Dr.-Ing. Dissertation Universität Hannover, 1979.

/28/ o.V. Arbeitsplatzuntersuchung. Unveröffentlichter Bericht der Arbeitsgemeinschaft Handhabungssysteme "Technische Hilfen für den Arbeitsprozeß", 1978.

/29/ Geisselmann, H. Bildsensor zur Mustererkennung und Positionsmessung bei programmierbaren Handhabungsgeräten. Dr.-Ing. Dissertation Universität Stuttgart, 1981.

/30/ Lauber, R. Prozeßautomatisierung I. Berlin: Springer,1976.

/31/ VDI 3260 Funktionsdiagramme von Arbeitsmaschinen und Fertigungsanlagen, 1977.

/32/ Okada, T. A Versatile Object Handling Robot. Electrotechnical Laboratory, Tokyo, Technical Note No.20, October 1977.

/33/ Warnecke, H.J.; Schmidt, I. Flexible Grippers for Handling Systems - Design Possibilities and Experiences. Proceedings, 5th I.C.P.R, Amsterdam, 12. - 16. August, 1979, S.320 - 324.

/34/ Schmidt, I. Flexible Moulding Jaws for Grippers. Industrial Robot, March 1978, S. 24 - 26.

/35/ o.V. "Greiferbacke für Greifer von Handhabungssystemen". DBP 28 40 188.

/36/ Schmidt, I. Sensorsignalverarbeitung in der Programmiersprache HELP. Proceedings, 2nd RoViSeC, Stuttgart, 2.-4. November, 1982, S.133 - 144.

IPA Forschung und Praxis

Schriftenreihe aus dem Institut für Produktionstechnik und Automatisierung, Stuttgart

Herausgeber: Prof. Dr.-Ing. H. J. Warnecke

Datenerfassung im Produktionsbereich
Von E. Bendeich. ISBN 3-7830-0117-8.
1977, 176 Seiten, kartoniert 54,— DM

Methodenauswahl für die Materialbewirtschaftung in Maschinenbau-Betrieben
Von H. Graf ISBN 3-7830-0136-6.
1977, 144 Seiten, kartoniert. 54,— DM

Systematische Auswahl von Förderhilfsmitteln für den innerbetrieblichen Materialfluß
Von W. Rau. ISBN 3-7830-0139-0.
1977, 103 Seiten, kartoniert. 40,— DM

Grundlagen zur Planung von Ersatzteilfertigungen
Von E. Schulz ISBN 3-7830-0138-2
1977, 98 Seiten, kartoniert 40,— DM

Rechnerunterstützte Fabrikplanung
Von B Minten ISBN 3-7830-0116-1.
1977, 124 Seiten, kartoniert. 38,— DM

Eine Planungsmethode für automatische Montagesysteme
Von H.-G Lohr ISBN 3-7830-0120-X
1977, 108 Seiten, kartoniert 32,— DM

Planung und Bewertung von Arbeitssystemen in der Montage
Von H Metzger ISBN 3-7830-0131-5.
1977, 108 Seiten, kartoniert. 40,— DM

Klassifizierungssystem für Prüfmittel der industriellen Längenprüftechnik
Von R Czetto ISBN 3-7830-0144-7
1978, 181 Seiten, kartoniert. 64,— DM

Rechnerunterstützte Montageplanung
Von O. Hirschbach. ISBN 3-7830-0149-8
1978, 146 Seiten, kartoniert. 52,— DM

Rechnerunterstützte Entwicklung von Simulationsmodellen für Unternehmensplanspiele
Von A Moker ISBN 3-7830-0147-1.
1978, 181 Seiten, kartoniert 64,— DM

Arbeitsplatzanalysen zur Ermittlung der Einsatzmöglichkeiten und Anforderungen an Industrieroboter
Von G Herrmann. ISBN 37830-0151-X.
1978, 113 Seiten, kartoniert 40,— DM

MFSP — Ein Verfahren zur Simulation komplexer Materialflußsysteme
Von G Stemmer ISBN 3-7830-0118-8.
1977, 140 Seiten, kartoniert. 60,— DM

Berührungslose Erkennung durch Positionsbestimmung von Objekten durch inkohärent-optische Korrelation
Von M Konig. ISBN 3-7830-0137-4
1977, 110 Seiten, kartoniert. 40,— DM

Auslegung von Störungspuffern in kapitalintensiven Fertigungslinien
Von R v. Stetten ISBN 3-7830-0140-4.
1977, 154 Seiten, kartoniert. 56,— DM

Flexible Transportablaufsteuerung
Von G. Romer ISBN 3-7830-0114-5
1977, 188 Seiten, kartoniert. 60,— DM

Rechnergestützte Realplanung von Fabrikanlagen
Von T-K Sauter. ISBN 3-7830-0119-6
1977, 108 Seiten, kartoniert. 32,— DM

Systematisches Auswählen und Konzipieren von programmierbaren Handhabungsgeräten
Von R D. Schraft. ISBN 3-7830-0115-3
1977, 108 Seiten, kartoniert. 32,— DM

Auslandsproduktion
Von W. Cypris. ISBN 3-7830-0145-5.
1978, 126 Seiten, kartoniert. 42,— DM

Wirtschaftlicher Einsatz von Mehrkoordinatenmeßgeräten
Von M. Dietzsch. ISBN 3-7830-0148-X.
1978, 142 Seiten, kartoniert. 52,— DM

Fertigungssteuerung bei flexiblen Arbeitsstrukturen
Von K.-G. Lederer. ISBN 3-7830-0146-3.
1978, 128 Seiten, kartoniert. 42,— DM

Untersuchungen zum Polieren und Entgraten durch elektrochemisches Oberflächenabtragen
Von K. Zerweck. ISBN 3-7830-0150-1.
1978, 110 Seiten, kartoniert. 40,— DM

Stufenweise Ableitung eines praktischen Planungssystems für den Entwicklungsbereich
Von R. Hichert. ISBN 3-7830-0149-8.
1978, 151 Seiten, kartoniert. 52,— DM

Produktionsplanung mit Auftragsfamilien
Von U. W. Geitner. ISBN 3-7830-0161.7.
1979, 110 Seiten, kartoniert 45,— DM

Thermisch-chemisches Entgraten
Von T. Wagner. ISBN 3-7830-0164-1.
1979, 111 Seiten, kartoniert. 45,— DM

Untersuchung der Materialflußkosten bei ausgewählten Systemen der Zentralen Arbeitsverteilung
Von R. Wenzel. ISBN 3-7830-0162-5
1979, 168 Seiten, kartoniert. 86,— DM

Anpassung und Einführung eines Planungssystems für die Ablaufplanung im Konstruktionsbereich
Von W. Dangelmaier. ISBN 3-7830-0163-3
1979, 168 Seiten, kartoniert 80,— DM

Längenmessungen an bewegten Teilen mit berührungslos wirkenden Aufnehmern
Von H. Lang ISBN 3-7830-0157-9
1979, 89 Seiten, kartoniert. 42,— DM

Untersuchung multistabiler Strömungselemente und ihr Einsatz in sequentiellen Steuerungen
Von A. Ernst. ISBN 3-7830-0157-9
1979, 122 Seiten, kartoniert. 48,— DM

Taktile Sensoren für programmierbare Handhabungsgeräte
Von M Schweizer. ISBN 3-7830-0158-7
1979, 91 Seiten, kartoniert. 42,— DM

Die rechnerunterstützte Prüfplanung
Von P. Blasing ISBN 3-7830-0152-8
1979, 100 Seiten, kartoniert. 44,— DM

Verfahren zur Fabrikplanung im Mensch-Rechner-Dialog am Bildschirm
Von W. Ernst. ISBN 3-7830-0156-0.
1979, 218 Seiten, kartoniert. 72,— DM

Rechnerunterstütztes Verfahren zur Leistungsabstimmung von Mehrmodell-Montagesystemen
Von M. Gorke ISBN 3-7830-0155-2
1979, 139 Seiten, kartoniert 50,— DM

Standortbezogene Betriebsmittel
Von G. Pflieger ISBN 3-7830-0167-6
1979, 127 Seiten, kartoniert. 52,— DM

Die betriebswirtschaftliche Beurteilung neuer Arbeitsformen
Von B.-H. Zippe. ISBN 3-7830-0168-4
1979, 350 Seiten, kartoniert. 98,— DM

Untersuchung des Arbeitsverhaltens programmierbarer Handhabungsgeräte
Von B. Brodbeck. ISBN 3-7830-0169-2.
1979, 117 Seiten, kartoniert. 48,— DM

Untersuchung eines kohärent-optischen Verfahrens zur Rauheitsmessung
Von N Rau ISBN 3-7830-0174-9
1979, 117 Seiten, kartoniert 48,— DM

Entwicklung einer programmierbaren, pneumatischen Steuerung
Von D Klemenz. ISBN 3-7830-0171-4
1979, 93 Seiten, kartoniert. 42,— DM

IPA Forschung und Praxis

Berichte aus dem Fraunhofer-Institut für Produktionstechnik und Automatisierung, Stuttgart, und dem Institut für Industrielle Fertigung und Fabrikbetrieb der Universität Stuttgart

Herausgeber: Prof. Dr.-Ing. H. J. Warnecke

---

38 **Arbeitsgangterminierung mit variabel strukturierten Arbeitsplänen — Ein Beitrag zur Fertigungssteuerung flexibler Fertigungssysteme**
Von U. Maier. ISBN 3-540-10213-2
1980, 111 Seiten mit 45 Abbildungen — 43,-- DM

39 **Kapazitätsabgleich bei flexiblen Fertigungssystemen**
Von P. S. Nieß. ISBN 3-540-10372-4
1980, 151 Seiten mit 57 Abbildungen — 48,- DM

40 **Schichtdickenverteilung auf galvanisierten Paßteilen am Beispiel kleiner abgesetzter Wellen und Bohrungen**
Von D. Wolfhard. ISBN 3-540-10373-2
1980, 177 Seiten mit 83 Abbildungen — 48,-- DM

41 **Planung von Mehrstellenarbeit unter Berücksichtigung von Umfeldaufgaben**
Von S. Haußermann. ISBN 3-540-10374-0
1980, 136 Seiten mit 59 Abbildungen — 48,-- DM

42 **Untersuchungen zur Schmierfilmdicke in Druckluftzylindern — Beurteilung der Abstreifwirkung und des Reibungsverhaltens von Pneumatikdichtungen mit Hilfe eines neu entwickelten Schmierfilmdicken-meßverfahrens**
Von R. Kohnlechner. ISBN 3-540-10375-9
1980, 100 Seiten mit 38 Abbildungen und 4 Tabellen — 43,— DM

43 **Typologie zum überbetrieblichen Vergleich von Fertigungssteuerungsverfahren im Maschinenbau**
Von G. Rabus. ISBN 3-540-10376-7
1980, 174 Seiten mit 88 Abbildungen und 21 Tafeln — 48,— DM

44 **System zur Planung des Umlaufbestandes in Betrieben mit Serienfertigung**
Von K.-G. Wilhelm. ISBN 3-540-10377-5
1980, 142 Seiten mit 67 Abbildungen und 15 Tafeln — 48,— DM

45 **Rechnerunterstützte Arbeitsplanerstellung mit Kleinrechnern, dargestellt am Beispiel der Blechbearbeitung**
Von W. Hoheisel. ISBN 3-540-10505-0
1981, 169 Seiten mit 74 Abbildungen — 48,— DM

46 **Beitrag zur Verbesserung der Wirtschaftlichkeit EDV-unterstützter Fertigungssteuerungssysteme durch Schwachstellenanalyse**
Von J. Lienert. ISBN 3-540-10506-9
1981, 148 Seiten mit 37 Abbildungen — 48,— DM

47 **Die Abscheidung von Öl an Entlüftungsöffnungen drucklufttechnischer Anlagen**
Von W.-D. Kiessling. ISBN 3-540-10604-9
1981, 117 Seiten mit 48 Abbildungen und 3 Tabellen — 43,— DM

48 **Dynamische Optimierung technisch-ökonomischer Systeme**
Von J. Warschat. ISBN 3-540-10717-7
1981, 132 Seiten mit 60 Abbildungen — 43,— DM

49 **Bildsensor zur Mustererkennung und Positionsmessung bei programmierbaren Handhabungsgeräten**
Von H. Geißelmann. ISBN 3-540-10735-5.
1981, 125 Seiten mit 52 Abbildungen. — 43,— DM

50 **Verfügbarkeitsberechnung für komplexe Fertigungseinrichtungen**
Von Ekkehard Gericke. ISBN 3-540-10779-7.
1981, 132 Seiten mit 71 Abbildungen. — 43,— DM

51 **Materialflußgestaltung in Fertigungssystemen**
Von Willi Rößner. ISBN 3-540-10888-2.
1981, 149 Seiten mit 76 Abbildungen. — 48, DM

52 **Beitrag zur Analyse der Auswirkungen der Mikroelektronik, dargestellt am Beispiel der Büromaschinen-Industrie**
Von Werner Neubauer. ISBN 3-540-10991-9.
1981, 145 Seiten mit 27 Abbildungen und 47 Tabellen. — 43,— DM

53 **Modelle von Informationssystemen zur kurzfristigen Fertigungssteuerung und ihre Gestaltung nach betriebsspezifischen Gesichtspunkten**
Von Roland Gentner. ISBN 3-540-10992-7.
1981, 181 Seiten mit 69 Abbildungen und 7 Tabellen. — 48,— DM

54 **Entwicklung von Verfahren zur Terminplanung und -steuerung bei flexiblen Montagesystemen**
Von Jürgen H. Kölle. ISBN 3-540-11227-8.
1981, 132 Seiten mit 64 Abbildungen und 1 Faltplan — 43,— DM

55 **Arbeits- und Kapazitätsteilung in der Montage**
Von Stefan Dittmayer. ISBN 3-540-11228-6
1981, 124 Seiten und 56 Abbildungen — 43,— DM

56 **Beitrag zur systematischen Planung der Qualitätsprüfung bei Klein- und Mittelserienfertigung**
Von Herbert Babic. ISBN 3-540-11325-8
1982, 108 Seiten mit 38 Abbildungen und 7 Tabellen. — 53.— DM

57 **Methode zur rechnerunterstützten Einsatzplanung von programmierbaren Handhabungsgeräten**
Von Uwe Schmidt-Streier. ISBN 3-540-11355-X.
1982, 188 Seiten mit 72 Abbildungen. 53.– DM

58 **Werkstoff- und Energiekennwerte industrieller Lackieranlagen, am Beispiel der Automobilindustrie**
Von Rainer Manfred Thiel. ISBN 3-540-11356-8.
1982, 116 Seiten mit 59 Abbildungen. 53.– DM

59 **Maßnahmen zum Verbessern der pneumatischen Lackzerstäubung – Teilchengrößenbestimmung im Spritzstrahl –**
Von Klaus Werner Thomer. ISBN 3-540-11507-2.
1982, 162 Seiten mit 94 Abbildungen und 1 Tabelle. 53.– DM

60 **Ermittlung und Bewertung von Rationalisierungsmaßnahmen im Produktionsbereich**
Von Jürgen Schilde. ISBN 3-540-11730-X.
1982, 158 Seiten mit 57 Abbildungen. 53.– DM

61 **Untersuchung von Verfahren der Reihenfolgeplanung und ihre Anwendung bei Fertigungszellen**
Von Mohamed Osman. ISBN 3-540-11747-4.
1982, 124 Seiten mit 32 Abbildungen und 3 Tabellen. 53.– DM

62 **Ein Simulationsmodell zur Planung gruppentechnologischer Fertigungszellen**
Von Volker Saak. ISBN 3-540-11747-4.
1982, 134 Seiten mit 53 Abbildungen. 53.– DM

63 **Verfahren zur technischen Investitionsplanung automatisierter Fertigungsanlagen**
Von Günter Vettin. ISBN 3-540-11747-4.
1982, 134 Seiten mit 63 Abbildungen. 53.– DM

64 **Pneumatische Sensoren zur prozeßsimultanen Messung des Werkzeugverschleißes und zur Kollisionsvermeidung beim Messerkopffräsen**
Von Wolfgang Jentner. ISBN 3-540-11747-4.
1982, 126 Seiten mit 47 Abbildungen und 6 Tabellen. 53.– DM

65 **Rechnerunterstützte Gestaltung ortsgebundener Montagearbeitsplätze, dargestellt am Beispiel kleinvolumiger Produkte**
Von Eberhard Haller. ISBN 3-540-12015-7.
1982, 130 Seiten mit 43 Abbildungen. 53.– DM

66 **Fernsehüberwachung von Schutzgasschweißvorgängen mit abschmelzender Elektrode MIG – MAG**
Von Ruprecht Niepold. ISBN 3-540-12181-7.
1983, 178 Seiten mit 73 Abbildungen und 5 Tabellen. 58.– DM

67 **Entwicklung flexibler Ordnungssysteme für die Automatisierung der Werkstückhandhabung in der Klein- und Mittelserienfertigung**
Von Karl Weiss. ISBN 3-540-12455-1.
1983, 116 Seiten mit 68 Abbildungen. 58.– DM

68 **Automatisierte Überwachungsverfahren für Fertigungseinrichtungen mit speicherprogrammierten Steuerungen**
Von Werner Eißler. ISBN 3-540-12456-X.
1983, 128 Seiten mit 66 Abbildungen. 58.– DM

69 **Prozeßüberwachung beim Galvanoformen**
Von Jürgen Wilhelm Böcker. ISBN 3-540-12457-8.
1983, 118 Seiten mit 32 Abbildungen. 58.– DM

70 **LAPEX – Ein rechnerunterstütztes Verfahren zur Betriebsmittelzuordnung**
Von Stephan Mayer. ISBN 3-540-12490-X.
1983, 162 Seiten mit 34 Abbildungen und 2 Tabellen. 58.– DM

71 **Gestaltung eines integrierten Produktionssystems für die Sortenfertigung unter Einsatz der Clusteranalyse**
Von Gerald Weber. ISBN 3-540-12650-3.
1983, 194 Seiten mit 54 Abbildungen. 58.– DM

72 **Gußputzen mit sensorgeführten, programmierbaren Handhabungsgeräten**
Von Eberhard Abele. ISBN 3-540-12651-1.
1983, 133 Seiten mit 66 Abbildungen. 58,– DM

73 **Untersuchungen zur Herstellung und zum Einsatz galvanogeformter Erodierelektroden**
Von Harald Müller. ISBN 3-540-12822-0.
1983, 148 Seiten mit 78 Abbildungen. 58,– DM

74 **Ein Beitrag zur Optimierung der Prozeßführungsstrategien automatisierter Förder- und Materialflußsysteme**
Von Hans Steffens. ISBN 3-540-12968-5.
1983. 161 Seiten mit 60 Abbildungen. 58,– DM

75 **Entwicklung eines Verfahrens zur wertmäßigen Bestimmung der Produktivität und Wirtschaftlichkeit von Personalentwicklungsmaßnahmen in Arbeitsstrukturen**
Von Christian Müller. ISBN 3-540-13041-1.
1983. 129 Seiten mit 34 Abbildungen. 58,– DM

76 **Berechnung der Gestaltänderung von Profilen infolge Strahlverschleiß**
Von Wolfgang Marx. ISBN 3-540-13054-3.
1983. 121 Seiten mit 58 Abbildungen. 58,– DM

77 **Algorithmen zur flexiblen Gestaltung der kurzfristigen Fertigungssteuerung**
Von Rudolf E. Scheiber. ISBN 3-540-13500-6.
1984, 150 Seiten mit 73 Abbildungen und 1 Tabelle. 63.– DM

78 **Galvanisieren mit moduliertem Strom**
Von Jürgen Wolfgang Mann. ISBN 3-540-13733-5.
1984, 145 Seiten und 58 Abbildungen. 63,– DM

79 **Fluoreszenzmeßverfahren zur Schmierfilmdickenmessung in Wälzlagern**
Von Wolfgang Schmutz. ISBN 3-540-13777-7.
1984, 141 Seiten und 66 Abbildungen. 63,– DM

IPA-IAO Forschung und Praxis

Berichte aus dem Fraunhofer-Institut für Produktionstechnik und Automatisierung (IPA), Stuttgart, Fraunhofer-Institut für Arbeitswirtschaft und Organisation (IAO), Stuttgart, und Institut für Industrielle Fertigung und Fabrikbetrieb der Universität Stuttgart

Herausgeber: Prof. Dr.-Ing. H. J. Warnecke und Prof. Dr.-Ing. H.-J. Bullinger

---

80 **Flexibilität und Kapazität von Werkstückspeichersystemen**
Von Bernhard Graf. ISBN 3-540-13970-2.
1984, 115 Seiten mit 71 Abbildungen. 63,– DM

T1 **Flexible Fertigungssysteme**
17. IPA-Arbeitstagung zusammen mit der 3. Internationalen Konferenz „Flexible Manufacturing Systems (FMS-3)“, ISBN 3-540-13807-2.
1984, 249 Seiten mit zahlreichen Abbildungen. 118,– DM

T2 **Integrierte Bürosysteme**
3. IAO-Arbeitstagung. ISBN 3-540-13978-8.
1984, 633 Seiten mit zahlreichen Abbildungen. 168,– DM

81 **Rechnerunterstützte Planung von Montageablaufstrukturen für Erzeugnisse der Serienfertigung**
Von Ernst-Dieter Ammer. ISBN 3-540-15056-0.
1985, 120 Seiten mit 1 Faltblatt und 33 Abbildungen. 63,– DM

82 **Flexibilität von personalintensiven Montagesystemen bei Serienfertigung**
Von Heinrich Vähning. ISBN 3-540-15093-5.
1985, 152 Seiten mit 49 Abbildungen. 63,– DM

83 **Ordnen von Werkstücken mit programmierbaren Handhabungsgeräten und Werkstückerkennungssensoren**
Von Ingo Schmidt. ISBN 3-540-15375-6.
1985, 111 Seiten mit 66 Abbildungen. 63,– DM

84 **Systematische Investitionsplanung**
Von Jorge Moser. ISBN 3-540-15370-5.
1985, 190 Seiten mit 69 Abbildungen. 63.– DM

Die Bände sind im Erscheinungsjahr und in den folgenden drei Kalenderjahren zu beziehen durch den örtlichen Buchhandel oder durch Lange & Springer, Heidelberger Platz 3, D-1000 Berlin 33.

GPSR Compliance

The European Union's (EU) General Product Safety Regulation (GPSR) is a set of rules that requires consumer products to be safe and our obligations to ensure this.

If you have any concerns about our products, you can contact us on ProductSafety@springernature.com

In case Publisher is established outside the EU, the EU authorized representative is:

Springer Nature Customer Service Center GmbH
Europaplatz 3
69115 Heidelberg, Germany

Batch number: 10844639

Printed by Printforce, the Netherlands